不时不食

四 季 美 味 寻 鲜 记

〔日〕中川玉————著

邹欣晨————译

文化发展出版社
Cultural Development Press

款冬花茎糊糊
◁菜谱见140页

酱油腌芥菜花
△菜谱见141页

{ *memo* } 芥菜花是一种花蕾小小的可爱的花，每次见到我都会买一束，用
来做菜之前，会插在花瓶里作为观赏。

不时不食

〈目录〉

春

草莓 004
孕育着酸甜的早春味道

微苦之物 008
妈妈教会我的美味之苦

女儿节 010
我家家传的不甜糖米糕

樱花 012
把春天的气息美美地封存起来

竹笋 014
与春天的风景战斗到最后

换季春装 018
能让人容光焕发的换装

四季养生 020
唤醒身体的春日养生法

带来一丝春天气息的餐桌 022

一点点甜 一点点苦
享受餐桌上的天真烂漫 024

初夏

梅子 028
和家人一起享受采摘梅子的乐趣

枇杷 032
把初夏的果实物尽其用

藠头 034
　　煎熬地等待完全入味的那一刻

小小的果实 036
　　我是那一小颗浓郁酸甜的俘虏

赤紫苏 038
　　红色紫苏汁消解夏日的无力感

嫩姜 040
　　令人迷醉的嫩姜及其附赠的美味

海蜒 042
　　把光泽的身体用油泡起来

鱼腥草 044
　　让人又爱又恨的小可爱

四季养生 046
　　对抗湿气——梅雨前总会花的一道工夫

水桶种水稻 048

盛夏

草本植物 052
　　院前清新的香气 一享夏日的清凉

毛豆 056
　　简单清蒸腌泡 还原菜肴原本的味道

白桃 058
　　典雅的香味 纤细的口感 成熟的色泽

番茄　060
　　紧紧凝缩熟透的美味

青紫苏叶　062
　　令吃便当和小菜更能乐在其中的名配角

夏季的陈设　064
　　用清凉的元素来装扮夏天

四季养生　068
　　从身体内部调理的夏日养生法

　　色香味俱全的夏季餐桌　070

　　留住太阳的恩赐　用智慧和美味养精蓄锐　072

秋

秋天的水果　082
　　芳醇的香气　好似一幅画

栗子　086
　　即使麻烦也要做的幸福点心

臭橙　088
　　父亲的臭橙就像是秋天到来的"通知书"

秋刀鱼　090
　　美味百变　秋刀鱼的魔法

红薯　092
　　可爱的味道唤醒和家人的记忆

熏制　094
　　我家的秋天　用茶叶熏制成焦糖色

赏月 098
　手工的丸子　小小的装饰

秋季换装 100
　无所适从的季节　就穿大爱的山羊绒

四季养生 102
　从体内保暖秋季养生疗法

　　色香味浓郁的秋季餐桌 104

　　感受秋天的深沉　馥郁的味觉盛宴竞相上演 106

冬　制作味噌 112
　大寒里的重要工作　祈愿今年美味依旧

白菜 116
　腌完之后再煮透　完全满足冬天的味觉

萝卜 118
　晒干后用途广泛的万能选手

冬季的柑橘 120
　咕嘟咕嘟　煮成冬天闪耀的宝石

柿子 122
　晴空万里的冬天　孕育出的浓醇甜美

岁末 124
　准备礼物时心系即将赠予之人　内心也会感到无比喜悦

烤炉时间 126
　放在那儿不管　也可以变成一道梦幻的阿拉丁料理

新年的准备　128
为我们家过去的一年和即将到来的一年送上小小的祝福

四季养生　132
防患于未然　无须吃药的冬季养生法

包围着　靠近着　冬季的餐桌　134

和叽叽喳喳说话的朋友们一起被热气包围　136

不时不食食谱集　138
春　139

初夏　148

盛夏　157

秋　164

冬　174

专栏　184

春

haru

在沉睡中苏醒的大地焕发新生
要开工了　欢呼雀跃

每一刻
这世上都充满了光
而其中，春天是特别的
令人恋慕的阳光
鸟儿们愉悦的鸣啭
从温润的土地上发出的新芽
感谢这大自然的循环

仿佛感到有点等不及了
我的身体也开始觉醒，为春天的到来而喜悦
接过冬天的接力棒
一步一步，向前迈进

酸甜之物，微苦之物……
春天的食材是要花一些工夫的
随着轻柔的动作
身心也在不知不觉中得到了放松和舒缓

会有人说你做的料理很美味
他很喜欢

和喜欢的人一起坐在餐桌边
尽情享受春天的恩赐吧

|草莓| 孕育着酸甜的早春味道

无比可爱的外形，酸甜度刚好平衡的口感，我的心一下子就被这草莓俘获了。它在水果中的人气一直居高不下，在我们家也堪称偶像派。

有一种草莓我十分钟爱。那是在三浦半岛的长井，离我家30分钟左右车程，有一处"嘉山农园"。那里育有一种施有机肥料，蜜蜂采蜜的草莓。每当惊蛰至早春时分，我们一家都会愉快地前往拜访。我喜欢光顾的蛋糕店用的也是这里的草莓。

踏进塑料大棚的瞬间，就有一阵酸酸甜甜的香味飘过来。我忍不住摘下一颗硕大又水嫩的草莓，一口塞进嘴里，仿佛瞬间喝了满满一大口鲜榨果汁，味道之浓厚，甚至无须添加炼乳。

买下的草莓在处理之前，总会不经意间顺手拿起就吃，眼看着草莓蒂一个又一个越来越多……这也是没办法的事，谁让我抵挡不住来自"偶像"的诱惑呢？

我第一次制作的果酱就是草莓果酱。只使用了草莓、砂糖和柠檬这些简单的食材。我到现在还记得当时把果酱分装了赠送给好友，深得好友的喜欢，我也觉得特别开心。

用来制作果酱的草莓，要把小粒的分出来。使用较小果实的整颗草莓，会在口感上有一种Q弹的透明感。

最近，也有人往草莓酱里加入现磨胡椒和院子里种的迷迭香，或者用白葡萄酒醋代替柠檬等，在嗅觉和味觉上加以点缀，品味草莓酱的方法也变得越来越多样。亲手制作的话，可以根据自己的喜好调整甜度和浓度，真是太棒了。

另外，熬果酱时留下的粉色美味果泥，兑上牛奶或者苏打水，也是一种不错的享受呢。

在简单整理的时候，想着每年都本着初心制作草莓酱，可能就是我制作果酱的出发点吧。

草莓葡萄酒醋果酱
△菜谱见140页

草莓柠檬香草果汁
△菜谱见139页

{ *memo* } 果酱一开始就用大火煮，成品颜色会非常漂亮。果汁可以搭配甜
点，也可以与醋调和做成淋在沙拉上面的调味酱。

|微苦之物| 妈妈教会我的美味之苦

款冬①花茎、八角金盘嫩叶、蕨菜、笔头菜②，这些跨越严冬的微苦之物告诉我们，春天即将来访。而从它们身上摄取到的苦味，可以促进滞留在我们体内的东西排出，加速身体的苏醒。这是春天的恩惠。而我年幼时，却是无法接受这种微苦的。

妈妈那时经常把款冬花煮来吃。在田间长大的妈妈非常爱吃款冬花，常常一个人采下一大堆款冬花茎，多到快要抱不下，然后放进大锅里煮。每次煮的时候，都有一股无法形容的涩味弥漫在厨房，哦不，是整个屋子。小小的我，感觉鼻子里都充满了那种气味。

晚餐时妈妈自然也是给我盛上满满一大盘……多少年来我一直都很挑食，但后来的某一年，我小心翼翼地尝了一口，那股涩味儿却不知跑到哪里去了。不仅如此，还觉得当时嘴里含着的那一口，有一种说不出的美味。能把涩味完美去除，做得如此好吃，妈妈难道是魔法师吗？能吃下款冬花的我，也仿佛觉得自己变得成熟了。

虽然没法胜过妈妈煮的款冬花，我也想尝试着做一做有自己风格的微苦之物。款冬花茎可以加入味噌和大蒜做成糊糊，芥菜花用醋和酱油腌制以后，会变得脆脆的，非常好吃。

---

① 款冬：款冬为菊科款冬的花蕾，性味辛温，具有润肺下气、化痰止咳的作用。
② 笔头菜：也叫作问荆或杉菜，是野菜的一种，分布在山上，由于看上去像毛笔，因此命名，但由于本身具有一定的毒性，所以食用前必须经过氽烫、浸泡等程序，方可以去除本身的毒素。

款冬①花茎糊糊
◁菜谱见140页

酱油腌芥菜花
△菜谱见141页

{ *memo* } 芥菜花是一种花蕾小小的可爱的花，每次见到我都会买一束，用
来做菜之前，会插在花瓶里作为观赏。

|女儿节| 我家家传的不甜糖米糕

虽说我已老大不小了，可每年一到生日和女儿节①还是会满怀期待，坐立难安。直到现在我还记得，小时候每年的三月三日那天，学校的配餐不知为何总是炒面和五味果汁饮料。放学后最期待的，不是在女儿节人偶旁边摆放着的各式各样的糖米糕（因为实在太甜吃不下去），而是咸味年糕片。

祖母会在每年过年时做扁年糕，然后切成骰子般大小的小块，风干后妈妈会油炸给我们吃。年糕一入油锅，立刻膨胀起来，散发出一股香喷喷的味道。那种冲动一直驱使着我，即使会被热油烫到还是很想吃！虽然只是简单撒了点盐做调味，但是那种美味啊，根本停不下来。

我见过一次祖母风干年糕的过程：把一大堆年糕切块后分好，放在笊篱上风干，再给每个孙子辈分装好，挂上自己手工做的毛线小球，寄给我们。每年我们都十分期待收到这份礼物。

通常和年糕一起搭配的还有甜酒。现在我很爱喝甜酒，但当年不知道是喝醉了还是怎么的，记不太清是什么味道了。现如今我已经是个会做甜酒给别人喝的人了，却发现女儿对糖米糕也完全没有兴趣。看来继承下来的不仅仅是家里的传统，还有味觉。

① 女儿节：女儿节有时候又翻译成人偶节、桃花节，是希望女孩子健康成长的节日，有女孩子的家庭，这一天会摆上人偶跟白酒、菱饼(黏糕)、桃花等来表示庆祝。

草莓甜酒
▷memo参照

糖米糕
△菜谱见142页

{ *memo* } "草莓甜酒"是在甜酒中按个人喜好加入适当分量的草莓、柠檬和香草混合而成的糖汁，再兑以苏打水而成。非常可口，即便对平时不太能喝甜酒的人来说也算是易入口的。

|樱花| 把春天的气息美美地封存起来

春分。仿佛一直在沉睡的树枝上，发现有小小的花骨朵儿轻轻地微微张开淡粉色的花瓣，令人无限期待。

我有花粉症，平时懒得外出，可在这段时期却一直在计划着外出赏花。

当染井吉野（译者注：樱花品种）开始飘落时，鲜艳粉色的八重樱就要开花了。散步的步道上和我家院子里飘得都是……

我已经把享用樱花这件事列为计划之一了。想要用盐来腌制樱花花瓣的话，需要在花蕾的时期就要采下，小心翼翼地把花蕾用盐腌制，再用梅干做成的梅子醋泡过后风干，加盐保存。

在做的时候我忽然想："为什么不是用染井吉野而是用八重樱呢？"我经常会想很多。最早想到要吃樱花的人，可真是勇气可嘉啊。也正因为先人们了不起的智慧，我们才有幸能够享用樱花美食……

保存好的"腌樱花"，很适合在步入人生新阶段的晴朗日子里，与其他料理、点心和茶什么的一起食用。它那华美的样子，感觉好像可以鼓舞人们向前更进一步。

每一年，我都希望可以再多享用几天美好的樱花。

腌樱花
▷菜谱见142页

樱花糯米小豆饭
▷菜谱见143页

{ *memo* } 梅子醋是做梅干时的副产物。白梅醋是把梅子开始用盐腌制后产
生的汤汁，赤梅醋是加了赤紫苏后产生的。

|竹笋| 与春天的风景战斗到最后

因为一直制作各种各样的料理，工作中有机会让我享受四季的美好，令我感兴趣、让我爱上的食材有很多。竹笋就是其中之一。

其实原本我是谈不上有多喜欢竹笋的，只是早春一到，父亲总是不打招呼就给我寄来满满一箱用瓦楞纸装好的又圆又大的竹笋，朋友也会把从山里挖到的竹笋就那么放在我家门口。就这样，我收到新鲜竹笋的机会就多了起来。

看着亲友送来的这份春天的馈赠，外表很像熊的皮毛一样的竹笋，我心怀感激。怎样才能把它们做成各式各样的料理呢？我不禁燃起了斗志。

基本款的竹笋饭配清淡的煮菜和油炸食品，还可以切成细丝炒中餐……我一边思考着菜单，一边就开始着手处理了。一边用大锅将竹笋煮透，一边用沸水把大保存罐烫好留用。这么好吃的竹笋太多了，一下子吃不完。为了可以长期享用，要好好保存起来。

为了煮起来方便，我会把它们切成大块保存，可以当作很多料理的食材。如果做油泡竹笋的话要把较硬的部分切细，和香草料、大蒜一起腌制，可以加在糊糊里作为沙拉的配料。

不知不觉中觉得，这个时节如果不吃竹笋的话，春天便无法结束。

{ *memo* } 煮多了的竹笋，在变得干巴巴之前放到阳光下晒干，就可以长期
保存了，非常方便。收回来的竹笋会别有一番滋味。

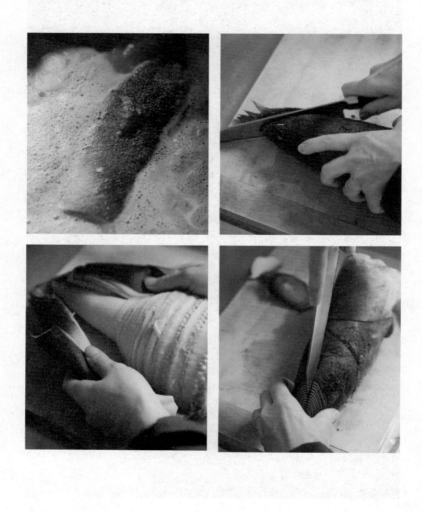

{ *memo* } 水煮竹笋，是把竹笋皮划开几刀后，和糠一起煮。等到竹签可以
　　　　　轻松穿过笋子就可以关火，放置一晚后切开食用。

油泡竹笋
△菜谱见144页

水煮竹笋
△菜谱见144页

|换季春装| 能让人容光焕发的换装

谷雨之前，人们期盼温暖的阳光；谷雨过后，不知不觉中又开始追求树木下的阴凉。皮肤可以清楚地感受到季节的变换，也是在春天。

我是敏感性皮肤，有特应性皮炎，对紫外线也很敏感，脸上尽是色斑和雀斑。特别是换季时，因为花粉症，眼睛也很受罪。

趁着气候没那么干燥，我试用了各种各样的化妆品。结果发现那些不会给我皮肤增加负担的，都是原材料很简单的东西。

洗澡时使用的是Dr.Bronner's的Magic Soap液体皂，还有横滨手音售卖的"七色香皂"。这两种都使用天然植物制作而成，洁面和沐浴均可使用。可以根据季节变化选择不同香味和功效的产品：初春用柑橘类，夏天用薄荷，秋冬用涩柿子等。

到了换轻薄衣服的季节，把干花装在复古的碎布料里，用衣架挂起来或者放进抽屉……

春天用薰衣草，夏天用柠檬、马鞭草或者薄荷，秋冬用甘菊或者迷迭香之类的。像衣服换季一样变换自己专属的气息，享受这季节变换的乐趣吧。

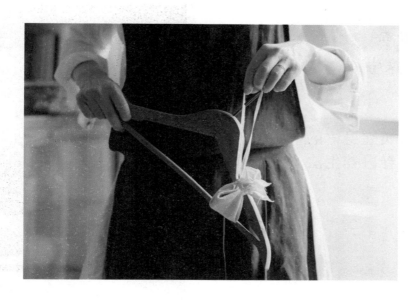

唤醒身体的
春日养生法

令我常年饱受折磨的花粉症，今年果然也如期而至了。全身到处都
发痒，最要命的是感到浑身乏力，行动迟缓。这种不舒服的感觉大
约持续了两个月。每年都弱弱地担心自己到底能不能挺过去。尽管
如此，今年的症状比以往减轻了些，不吃药、不用滴鼻药水也就过
去了。

最近慢慢开始认同，自己的鼻子是可以感觉到春天的到访的。倒不
是自暴自弃，而是接纳并迎接，直面并接受来自身体的声音。正是
在感到不舒服的时候才有机会和自己的身体对话，重新审视对待生
活的态度，是自我觉察的良好契机。和煦温暖的春日气息可以舒缓
身体，把冬天滞留在体内的物质排出，开放身心，迎来新生。

一想到人类也是大自然的一部分，我的心情也便轻松起来。我希望营造一种放松的环境，所以总是会在早春喝些自己调制的茶饮。

在路易波士茶①里加入薄荷、扶桑、柠檬草……尽量使用有机作物，并取名为"舒缓薄荷茶"。扶桑花的那种红色，可以很好地缓解视觉疲劳。

---

① 路易波士茶：一种产于南非的饮品，是由豆科灌木、针叶状的抗酸性植物制作而成。有改善失眠、舒缓皮肤不适、预防糖尿病等功效，是完全无咖啡因的天然饮品。

油炸当归皮芝麻菜沙拉
▽菜谱见145页

带来一丝春天
气息的餐桌

夏柑嫩洋葱腌泡当归皮
▷菜谱见146页

竹笋烩玄米饭
△菜谱见147页

蛤仔嫩土豆浓汤
▷菜谱见146页

一点点甜　一点点苦
享受餐桌上的天真烂漫

活得好还需吃得好。食用对身体有益的食物自然很重要，但又绝非仅此而已。比如通过一起吃东西，可以促进交流。"真好吃！""里面加了什么啊？""是怎么做的？"对于美食，大家都会很感兴趣。不知不觉就交谈起来，笑逐颜开，由此就产生了幸福感。

春天的餐桌上摆放的，是可以使人放松心情的食材。当归和夏天的蜜柑一起腌泡，吃起来唇齿爽口，还可铺一层油炸的当归皮在沙拉上。把"油泡竹笋"和油加入玄米①饭，就会变成浓香的烩饭。用嫩土豆和蛤仔做浓汤，根据个人的喜好加一些款冬花糊糊，会有一种成熟稳重的味道。

如有突然来访的客人或有喜事庆祝，春日那些保存好的美食也可以发挥很大的作用。在白色或者米色系的餐具、餐垫上摆盘，可以更好地衬托新采摘的蔬菜和野菜。如此一来，大家也会喜笑颜开，越聊越起劲。

---

① 玄米：糙米，在日本也叫玄米，是稻谷脱去外保护皮层稻壳后的米，煮起来也比较费时，但其瘦身效果显著。与普通精致白米相比，糙米维生素、矿物质与膳食纤维的含量更丰富，是一种绿色的健康食品。

初夏

shoka

———

新生的嫩叶如此夺目
迎来充满生机的季节

连绵不绝的及时雨，湿润了空气。我家周围，那些附着在新叶上的水珠娇艳欲滴。湿润的土地里，植物茁壮成长，日益繁茂青翠。阳光充足的日子里，小虫儿们出生，到处散起步来。

家门旁的梅子树结了果儿，压弯了枝条，像是一道拱门，每天从下面穿过都感到很愉快，酸酸甜甜的香味令人心生雀跃。

采梅子是我家初夏主要的活动，摘下一颗一颗可爱的果实，分赠给心爱的人们。

这个季节生长的食物，可以从身体内部帮助我们抵抗即将到来的炎炎烈日，让我们与之和平共处。

你不妨也试着把这个季节如此丰厚的馈赠，物尽其用地保存起来吧。

|梅子|—— 和家人一起享受采摘梅子的乐趣

我们家房子是租的，门前种有梅子树和小梅树。每天出入家门，都可以通过梅子树看到季节的变换。

夏天枝繁叶茂，秋天树叶变红，冬天枝干枯萎，春天再发新芽。接着，在芒种时节恩赐我们果实。年年如此。

每年从梅子树上都可以收获40kg左右的梅子，大大的青梅可以做成果汁，也可以酿梅子酒。

把梅子慢火煮透就成了梅肉。身体不舒服、肚子痛或者气血不顺、肩膀僵硬的时候服用，可以起到很好的效果。1kg的青梅只能做出20g的梅肉，可以用于平日的健康管理。

成熟的黄色梅子，有着酸甜的香味，和青梅汁、梅酒有着不同的口感。因为没什么涩味，所以也很适合做果酱之类的。而在我家，用盐或者紫苏腌小梅，也是常备菜。

结了果的梅子一旦长大会变得很重，刮风下雨时就会掉落。把掉下的梅子磕碰到的地方去除，再用醋或者酱油腌一下……我想，像这样毫无保留地赐予我们恩惠，便是租来的这间房子的使命吧。所以每年都会鼓足了干劲儿，全家出动。

{ *memo* } 如果使用窄口瓶或者罐子，用重一点的小石块来代替盐会比较方便。套两层塑料袋塞满，就压得足够牢了。

梅酒
△菜谱见148页

熟透的梅子汁
△菜谱见148页

小梅腌紫苏
△菜谱见149页

醋腌梅肉
△菜谱见150页

|枇杷| —— 把初夏的果实物尽其用

我以前住的家，是很大的日式平房，庭院里花椒和梅子树生长繁茂。仅仅靠我们自己是没有办法把它们照料得很好的，稍有不周就会杂草丛生。后门耸立着的枇杷树，也枝繁叶茂的，想必也会结不少果子吧。初夏到来，我们都很期待，但枇杷树看起来却完全没有要结果的样子。

我们实在太想吃，等不及了，就赶快跑去逗子①的市场，俗称"连卖"②。在那里，满满一篮一篮地装着小颗的枇杷，一大包只要200日元！据卖枇杷的老奶奶说，每年到了这个时候，在镰仓那边有家宅子（据说还是豪宅）会联系她让她去采枇杷。

快步赶回家尝了一口，非常纯天然，那种酸味和甜味恰到好处。真后悔只买了一包。吃了这个，想到初夏的乐趣又增添了一项——可以把枇杷的果子做成蜜饯或者果酱。

另外，入夏后蚊虫变多，用烧酒把剁碎的枇杷叶泡起来，枇杷叶会慢慢把汁液溶成茶色，对蚊虫叮咬有止痒的作用。枇杷从古代就被应用于治疗，真是初夏里万能的果实啊。

---

① 逗子：地名，日本关东地方南部的城市。在神奈川县相模湾西北岸，田越川河口。
② 译者注："镰仓市农协连即卖所"，类似直销菜场。

枇杷蜜饯
△菜谱见150页

{ *memo* } 用纱布将切成两半的枇杷和取出的核一同包起来水煮，从核里煮
出的精华可以增加蜜饯的风味。

|薤头| —— 煎熬地等待完全入味的那一刻

我家人不太喜欢吃薤头①，但是我会在芒种到来时买很多回来做料理。房间里到处充满了薤头的味道，即便被大家冷眼相待，我也无所谓。因为我真的很爱吃呀！我还会为了配薤头特意做咖喱饭——就是喜欢到这种程度。

因为薤头很容易发芽，所以一般都是当天想到当天就去买回来赶快做。但不管是糖醋还是盐腌，等它入味还要很长时间，每次都迫不及待想要快点吃到。

所以我忽然想到，如果把薤头切碎，不就可以更快入味了吗？就像把咸菜切成小块做成"开胃菜"一样。

一切准备就绪后，把切碎的薤头加盐拌匀，加入做开胃菜的汤汁腌制。坐立不安地等待一晚，这道美味就完成了。可以做咖喱饭的配菜，还可以做油炸食品的酱料等，作为调味料，它可是有很多种吃法的。

只要把薤头做成容易入口的开胃菜，悄悄加到其他料理中，就连一闻到薤头就皱眉的家人也尝不出来，真是太方便了。

---

① 薤头：薤白的亚种，为多年生草本百合科植物的地下鳞茎，叶细长，开紫色小花，嫩叶也可食用。成熟的薤头个大肥厚，洁白晶莹，辛香嫩糯，是烹调佐料和佐餐佳品。干制薤头入药可健胃、轻痰，治疗慢性胃炎。

梅子醋薤头
△菜谱见151页

薤头开胃菜
△菜谱见152页

{ *memo* } 想要长期保存享用的话，可以倒入颜色好看的梅子醋，漫过薤头
浸泡，可以保存一年左右。

|小小的果实| —— 我是那一小颗浓郁酸甜的俘虏

院子里种着唐棣①和蓝莓树，虽然枝干比较细。刚刚长出羽翼的鸟儿们在树周围叽叽喳喳，仿佛在讨论什么。看来，期待它一点点结果、被染成红色的不仅仅是我。对于鸟儿们而言，小小的果实也极具魅力吧。

我父亲在大分县②的山里种了各种植物，不使用农药和肥料，几乎都是不耕地栽培。之所以这样做是因为觉得洒农药太麻烦——这理由还真是我父亲的风格。除了继承的茶园和果园以外，父亲还会从国外弄些种子和秧苗回来研究。蓝莓就是其中之一，好像还要了几十个品种回来种植。说是不仅蓝莓果实对眼睛有好处，而且叶子也具有某种功效，他正在研究当中。

果园里还有大大的樱桃树。在我还在读小学的时候，总是难以抵挡那鲜艳的小红果子的魅力，趁着大人不注意，一颗又一颗地偷吃，不知不觉把一整棵树的果子都吃完了。结果不仅把肚子吃坏了，还被骂了一顿，直到现在那段惨痛的记忆还刻骨铭心。不知那棵树现在是否还和当年一样结满果实、压弯了枝头呢？我总是寻思着有一天，可以把父亲种植的那些小小的果实，试着做成果酱或者蜜饯。

---

① 唐棣：桤叶唐棣果实营养丰富，果实含糖11%～19%，蛋白质1.9%～9.7%。每100g鲜果含钙88mg，为百果之首。并且含镁400mg、钾244～300mg等元素，富含18种氨基酸。
② 大分县：位于日本九州的东北部，面向濑户内海，观光资源非常丰富，多温泉，温泉数量和涌出泉量居日本第一位。

蓝莓果酱
△菜谱见153页

美国樱桃蜜饯
△菜谱见153页

{ *memo* } 做果酱的时候，糖分要控制在果肉重量的30%。如果是带果肉的果泥，因为口感相对比较清爽，所以有时会被用作料理的秘方，用途可以说是非常广泛。

|赤紫苏| —— 红色紫苏汁消解夏日的无力感

说实话，和赤紫苏的相遇没那么美好。别人送我的，不仅完全没有赤紫苏的香气和清凉感，而且还甜腻得不得了，留在口中久久散不去。虽然觉得有点对不起别人的好意，但还是没有吃完。

那之后过了许多年。有一年快到夏天，觉得浑身无力。听说赤紫苏对缓解夏日的无力感很有效，就想要挑战一下。做法有很多种，我比较喜欢甜度低，酸味比较明显的那种，试错了几次后，终于做成了现在的"赤紫苏汁"。（参照P.154）

赤紫苏煮过头了会变苦，所以只要迅速地烫一下就可以了。煮好的赤紫苏挤出汁液，再加入醋，会变成红宝石般鲜艳的颜色，如同一瞬间施了魔法，每次看到都觉得很开心。

我很爱惜地使用这汁液，它陪我挺过整个夏天。可以兑水或者苏打水喝，也可以少兑一点，浓浓地冻成沙冰。在这道甜品完全冻结实之前，要用叉子翻搅两三次，与适当空气混合，成品的口感才会更加绵密多汁。

这道甜品可以在梅雨或者天气酷热的时候当零食吃，也可以在用餐时拿来清口，还很适合在刚泡完澡后享用。

赤紫苏酸奶沙冰
△参照memo

{ *memo* } 取一杯赤紫苏汁和半杯酸奶混合均匀，倒入方形的盘子里，放进
冰箱冷冻室，在完全冻结实以前用叉子来回翻搅两三次。

|嫩姜|—— 令人迷醉的嫩姜及其附赠的美味

嫩姜——表皮通透明亮，接近肤色，粉红色的尖儿，看起来皮薄且水润。干干净净的辛辣味儿挑逗着你的嗅觉，跟老姜有着截然不同的辣劲儿和口感。

我总是会买一大堆高知县①产的优良嫩姜来制作姜汤。

把生姜切成薄片，裹上砂糖，渗出美味的姜汁，再慢慢熬煮。加肉桂和豆蔻提味，和柠檬的酸味产生反应，会变成一种惹人怜爱的粉色。嫩姜仿佛是爱上了柠檬一般，羞红了脸……这一幕还真挺有意思的。

姜味完全煮尽的生姜（不用丢掉）还可以用来做其他的东西。形似一片片薄薄的飘落花瓣，把水分完全吸干，裹上一层厚厚的糖衣，便可以成为泡茶时亮眼的搭档。"糖渍嫩姜"（参照memo）可以令喝茶的时间变得更加有趣，搭配烤制的点心也不错。

正因为是自家制作，所以才得以物尽其用，甚至可以变废为宝。

---

① 高知县位于日本本州岛以南的四国岛的南部，面积占四国岛的一半，居日本第17位，西面被险峻的山脉隔断于濑户内海，东面有漫长的海岸线迎对着太平洋，是个水产大县。

嫩姜汤
△ 菜谱见155页

{ *memo* } 把煮完姜汤的生姜在烤盘上排列好后放入烤箱，用低于100℃的温度不完全烤干，裹上满满一层粗糖，置于30℃左右的低温直至你喜欢的软硬度。

|海鲹| —— 把光泽的身体用油泡起来

女儿两岁的时候，我们一家从市中心搬到了逗子。当时也没什么计划，凭直觉就这么定了，意识到的时候已经过去了14年。

我们没想到会在这里住那么久。这里离海边和山里都很近，不算市中心，也不算乡下。这样的环境很适合我们。买东西的话，除了食材以外，其他东西还是得跑远点儿才能买到。但说起当季的食材，特别是蔬菜之类的，可以说那些最好的应季产品，都能在这个地区买到。女儿以前很讨厌生吃鱼，一口都不愿意吃，但是现在好像最喜欢生吃。

当季的食材不仅新鲜还很便宜！一份海鲹堆得像小山一样，才100日元。不仅如此，卖鱼的老奶奶给我装袋时，还会说："再送你一些！"真的特别感谢她。海鲹①容易变质，买了之后我会赶快回家着手处理。当天晚上可以做生鱼片或者鱼肉Carpaccio②，然后把剩下的鱼肉加上凤尾鱼之类的做成"油浸沙丁鱼"，就可以长期保存和享用了。

由香草料、芝麻油、生姜、葱、红辣椒制成两种日式口味，如果改变使用的油和调香的蔬菜就会变成味道完全不同的两道菜。油和海鲹的鲜美完全入味，请一定要把它用作调料食用看看。

---

① 海鲹：亦写作"海艳""海咸"，系鲲鱼一类幼鱼。我国主要产于象山县，并以渔山列岛所产海鲹质量最佳，故称渔山海鲹，是宁波著名海特产品。在20世纪老宁波菜市曾有"渔山海鲹不到不开市"的规矩，可见其在海产品中地位之高。

② 译者注：泛指在欧洲大陆流行的一种把新鲜鱼肉或者牛肉切成薄片状，混上配菜作料滴上橄榄油和柠檬汁的一种无加热料理。

油浸沙丁鱼
△菜谱见155页

{ *memo* } 如果用的是橄榄油，还可以把鱼肉撕成小块，加入意大利面或者沙拉。如果用的是芝麻油，推荐搭配米饭或者是春卷食用。

|鱼腥草|—— 让人又爱又恨的小可爱

一场及时雨过后，庭院的角角落落里长出郁郁葱葱的新绿，令人心生怜爱的白色小花也争相开放。与它们美丽的外表不同，这些花儿散发出的强烈香气非常刺鼻。所以一闻就能肯定，它们今年果然还是一如既往地开花了……

鱼腥草会一瞬间群生，拔了就长，再拔再长。我的整个夏天，好像都在和顽强的鱼腥草你追我赶一般。一开始我真的是受不了那个味道，但到后来即使被它们包围着也可以正常生活了。现在居然还发现了它们的可爱，会等待它们的出现。把柔嫩的叶子清洗干净，铺在大大的竹筐上晒干，切成适当大小，用平底锅炒出好闻的香味，再慢慢熬煮当茶来喝。那种独特的香味到底去了哪儿呢？变身成容易入口的饮料了。因为鱼腥草又被称为"十药"，所以据说对身体很有好处。

把白色的小花洗净擦干，浸在烧酒里，做成"烧酒泡鱼腥草花"。花渗出的汁液使之变为茶色时，可将花滤去，用来除虫或者替代漱口药水使用。

最重要的是，看到泡着花的瓶子那么可爱，我都想尝尝味道呢。

今年，那让我一直厌恶的鱼腥草依然健在，而且生命力顽强。

烧酒泡鱼腥草花
△参照memo

{ *memo* } 把摘下的鱼腥草花，用2～3倍量的烧酒浸泡，待变成茶色后把花
滤去。加入精制水和蜂蜜亦可作为化妆水使用。
※请注意可能导致皮肤不适。

四季
养生

对抗湿气——梅雨前总会花的一道工夫

若是没有湿气的话，我们家就堪称完美了。

因为是老房子，所以四面有很多窗户。通风倒是很好，但后面就是耸立的高山，离海边也就七八分钟。没错，这片地区就是笼罩在一股湿气之下。梅雨季节我会把除湿器全都打开工作，但储水盒里还是以惊人的速度变满。大家对抗湿气都是怎么做的呢？

食材也很容易受潮，所以我会尽可能注意把干菜和香料之类的在梅雨到来前用完。梅雨前做菜把干菜用完也是一件很开心的事儿。

在这个时期，我们家如果把东西都收起来会发霉，所以我都把容易发霉的东西拿出来放在外面。比如木质的，或者清洗完还会有水的研磨用的机器，放在开放的架子上；把竹筛子上的粉尘弄掉，挂在墙上当装饰；皮鞋和鞋盒也从箱子里拿出来。虽然看起来可能不太美观，但在我家这种环境下，这样好像是效果最好的方法了。还可以利用报纸吸收湿气。

还有就是阳光暴晒，什么都拿出去晒。一年里我甚至有几次把沙发就这么整个抬出去晒。朋友和我丈夫都惊呆了，说："你还真是什么都拿去晒啊！"可我就是觉得，放在太阳下面晒是最有效的啊。

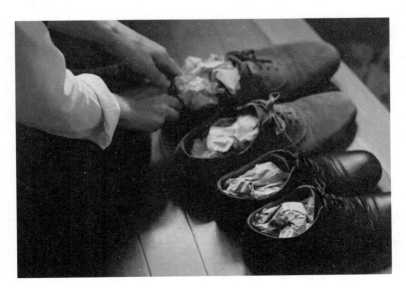

生于阳光下的稻草绳

我做这件事的契机，是因为在逗子市的环保周活动上免费领到了红米和黑米的苗，就在丈夫的指导下，试着种在我家的两个水桶里。

初夏。虽然浇了足够的水，但其中一个桶却完全盛不住水。我一看桶底，居然有个洞。算了，那就勤浇水好了。

盛夏。枝叶繁茂生长，两只桶里稻米的成长产生了差异。

初秋。一盆被沉甸甸的谷粒压弯了枝丫，而另一个开了洞的晚了两周后谷粒才饱满起来。

第一年努力收割，脱壳，现在做成了新年用的稻草绳（P.129）。虽然不够美观，但还是继续种着，祈祷明年有个好收成。

盛夏

seika

——

灿烂的阳光　色彩斑斓的果实
是夏天的调色盘

夏天真正到来了。

附近的海边每天都很热闹，到处都是夏日祭①和烟火大会。

脚上每年也免不了因为穿沙滩拖鞋而留下晒痕。

虽然大家都说看不出来，但我确实是夏天出生的。

记忆中，我总是会拼了命把暑假作业做完，亲自忙前忙后，想要给自己办生日会。不管我长到多大，一想到这件事，还是觉得很兴奋。

———————————————————

① 夏日祭就是夏天举办的一些活动或节日祭典，也是日本传统节日，时间为每年8月15日，里面包括烟火大会等，还有其他的活动。

夏天的蔬菜和水果，汇聚了灿烂阳光下孕育的美味，甘甜多汁。直接大口咬，或者蒸了之后撒盐。夏天的蔬菜，简单处理一下就已经很好吃了。

只有夏天才会结那么多的果实。每当这时，炎热的傍晚总会有这样的一幕：大家都来帮忙，大手小手一起动，很快就收完了。

|草本植物|——院前清新的香气 一享夏日的清凉

大暑过后，院子里长满了鱼腥草，差不多连下面的草皮都快看不见了。但是仔细一看，院子的角落却有其他草本植物在生长，仿佛故意不服输的样子。迷迭香向四面八方野蛮生长，枝干已长得十分粗壮。它是一种很容易照料，一整年都能使用的万能草本植物。

荷兰薄荷长势也很茂盛。它比一般的薄荷有种更让人情绪安定的清凉感，能令人身心都精神起来。

它在天气热的时候可以使身体降温，天气冷的时候可以使身体暖起来，是一种非常优秀的草本植物。在这个时期我经常会做"薄荷汁"。把荷兰薄荷泡在糖水里，简简单单就能完成。还可以加一点在茶或者果汁里，或者浇在刨冰上……喝上一口薄荷汁，不仅可以喘口气歇会儿，也可以让自己的身体和头脑都清爽舒畅许多。

这是夏天里才有的转换心情的良方。从院子前摘一些薄荷，可以用来做菜和点心。另外，用一套制作芳香蒸馏水的工具还可以把它做成蒸馏水，外出时装进小小的喷瓶，喷一喷，可以替代漱口水和除臭剂使用。草本植物从古流传至今，在当今时代是一种更加有必要的存在。我要在这条道路上探寻得更深远，尝试各种各样的草本植物。

薄荷汁
△菜谱见157页

{ *memo* } 制作 "薄荷汁" 前要首先准备好糖水，冷藏后再放入薄荷枝条就可以了。放置一晚，就会释出薄荷清爽的香味了。

薄荷菠萝刨冰
△参照memo

{ *memo* } 把生菠萝打碎放入容器，刨冰，浇上"薄荷汁"（P157）即完成。可根据个人喜好在刨冰上装饰薄荷叶或柠檬片。

|毛豆| —— 简单清蒸腌泡 还原菜肴原本的味道

说起来有点遗憾，我们家人都不太喜欢吃蔬菜，即使完全不吃也没关系。非要究其原因，可以说"就不想吃"。无语了吧（笑）。如果我出门，只有丈夫和女儿在家，我们家的餐桌上应该是不会有绿色食物出现吧……

就是这样的两个人，唯一会争抢的绿色食物就是毛豆。一个是边看电视边吃，一个是就着啤酒，当下酒小菜吃。做便当时，比起西蓝花我更常放毛豆，而且是口感偏硬一点的那种。

我们家也会把毛豆煮来吃，但还是更推荐用蒸的，因为豆子的香味会被紧紧地锁在里面。

做女儿喜欢吃的东西时，她自己也会帮把手：把粘在毛豆上的豆荚摘除，两头切掉，加盐，用手揉，使其均匀覆盖在毛豆的小茸毛上。待水开后放进蒸笼，大火蒸5分钟左右取出，放在通风的地方自然冷却。这可是夏天的餐桌上不可或缺的一道菜。

因为这是他们爷儿俩都很爱吃的蔬菜，所以我也做成了罐头。和喜欢的清汤小银鱼一起，加入橄榄油浸泡就可以了。小银鱼的鲜美和盐味充分融合，作为配菜的材料再合适不过了。

只要有这道菜，即使我出门不在家，也会觉得安心些。

油浸小银鱼毛豆
△菜谱见157页

{ *memo* } 浸油状态保存。可以用来做意面，也可以浇在凉拌豆腐或者沙拉上。与留有食物香味的油一起食用更佳。

|白桃|—— 典雅的香味 纤细的口感 成熟的色泽

桃子，是像婴儿般可爱的存在。

一看到它就忍不住微笑起来，想要摸一摸它的茸毛。咬一大口，有一种优雅的香甜，口感柔滑。一瞬间，丰润的果汁就在口中蔓延开来。

女儿好像比较喜欢把白桃剥了皮整个吃。本来早餐都不吃碳水化合物的女儿，在暑假的早餐一定会吃白桃。看着她吃白桃的样子，就好像在吃丰盛饲料的小动物似的。不过，她本人吃得很满足，也是好事儿。

有些桃子很多汁，但也有不少桃子没什么水分。如果挑到了这种桃子，可以用来做沙拉、蜜饯、果酱之类的，稍微加工一下，就能够感受到桃子的潜力和散发出的耀眼光芒。味道不够重的话，可以加一些酸味的香草料做成蜜饯，当作餐后的甜点。在本书中，我选用的组合香草料，是跟桃子很搭的扶桑花、牛至①和罗勒。

连皮一起煮成水果汤，冷却后去皮。皮剥干净后，显得特别光滑。桃子醇美的果汁精华染成的蜜饯汁，也得以物尽其用了。

华丽变身后的桃子，染上了一种成熟的风韵。

——————————

① 牛至：又名奥勒冈草、披萨草等。其味香辛，类似薄荷，在制作肉类菜肴时经常加入牛至，可避免肉的腥味。还可以用来制作花草茶，或者烘烤面包时调味。

扶桑桃子蜜饯
△菜谱见158页

{ *memo* } 这道蜜饯还可以兑苏打水喝,也可以加明胶和琼脂凝固成果冻。
冷冻之后做成沙冰也很美味。

|番茄| —— 紧紧凝缩熟透的美味

番茄的季节是从春天到夏天。春天的番茄虽然比较小，但是皮薄，品质上乘，适合生食。随着天气越来越热，皮也变得越来越厚，口感上慢慢就呈现一种野性的味道。

每年的盛夏时节，我会把装得满满的熟透了的番茄分类，制作番茄汁和番茄酱之类的分开。五公斤的番茄浓缩后只剩三分之一左右。女儿暑假的时候，白天总是在一旁转来转去，等待成品出炉。我们家是用新鲜番茄做干烧虾仁的。番茄用开水烫了以后剥皮切块，加入豆瓣酱和增加香味的蔬菜。开大火，加入番茄，吃起来清爽不油腻。

从这道食谱，引发我想去做新版"番茄酱"（使用的不是豆瓣酱，而是苦椒酱，可根据个人喜好分别使用）的想法。不仅炒菜可以使用，也可以往煮菜或者素面里加一点，那种酸和辣可以带来更深层次的口感。另外，我还推荐把它简单拌一拌，同样可以做成一道美味的料理。

"油浸半干小番茄"也是我家的常规菜。小番茄有着更浓缩的美味，我们也是把它当成宝贝一样。直接吃或者连浸泡的油一起放进意大利面里都好吃。我之前想起来做的是把半干小番茄和牛油果一起炸，"滋啦"一声咬一口，有一种和谐的美味在口中蔓延开来，那是一种幸福的味道。

油浸半干小番茄
△菜谱见159页

番茄酱
△菜谱见159页

|青紫苏叶| —— 令吃便当和小菜更能乐在其中的名配角

青紫苏叶是日本具有代表性的草本植物。那种独特的香味能够引发人的食欲，营养价值也很高。我非常喜欢青紫苏叶，不论做什么都想加一些。

以前住的房子里长有野生青紫苏，到了夏至的时候，院子里到处都是。想用多少就摘多少，那真是理想的环境啊。因为没打农药，所以会招来很多小虫。我发现的时候叶子上满是虫洞，想必它们也觉得很好吃吧。

我可得赶紧采摘，想想怎么用它们了。先用盐腌制。把青紫苏叶洗净擦干水分，每次取一小撮盐，均匀涂遍整片叶子，多涂几层。只需这样就能好好保存了，可以紧紧锁住青紫苏叶的美味，用来配饭吃。

还有一种是韩式拌菜。和腌制的一样，只需把韩式拌菜的调味料均匀涂抹在每一片叶子上就可以了。卷到饭团里，就算没食欲都可以大口大口吃。用莴苣叶子把烤肉和沾了拌菜酱的青紫苏叶一起包着吃，就是一顿美美的晚餐。也可以和切了块的黄瓜一起简单拌着吃，"配冰啤酒再适合不过了"（我的"酒鬼"丈夫如是说）。

秋天，青紫苏长了穗子和果实。穗子可以用在天妇罗里，果实可以用酱油腌制。这也是我们殷切期盼的秋季美食。

拌紫苏叶
△菜谱见160页

腌紫苏叶
△菜谱见161页

{ *memo* } 因为只需加入调味料，所以操作非常简单。建议做便当和招待客人时使用。平时如果多备一些，吃的时候就很方便了。

|夏季的陈设| —— 用清凉的元素来装扮夏天

因为我大多数时间都是在家工作，所以想要把家里弄得舒适一些。

可能每个人感到舒适的方式不一样，我不太喜欢样品房那样过于简洁的房间，没办法让我觉得内心平和。我喜欢的房间当然前提要干净整洁，然后要处处体现我自己的想法和心思，让我可以被自己心爱的事物包围着。

季节感也很重要。

夏天为了表现出清凉感，可以用蓝染印花布料做桌布、小毯子，也可以用月桃叶子做坐垫。

我家的房子有40多年了，所以布局还是那时候的老样子。虽然后来打通变成一间大的，通风更好了，看起来也更宽敞，可空调和暖气就显得不怎么有用了……

想象一下，在某年夏天，我需要集中注意力写稿。就那么不经意的，在周围挂着发白的亚麻布帘的房间，风扇呼呼地转着，用我喜欢的古董杯子，一边喝麦茶一边开始工作。

然后，那布帘随风轻轻飘动，令人心旷神怡，稿子自然也会写得十分顺利。稍微花点心思去布置，会有一种新鲜感，真让人舒服。就

像是从窗户望出去可以看到树木的变化一样，我也期待家里的陈设
能够体现出不一样的季节感。

就这样，我决定：盛夏写稿的工作，就用"亚麻布帘"来帮我搞定吧。

{ *memo* } 玻璃器皿来自木下宝（译者注：玻璃艺术家）和古董收藏。坐垫
是在冲绳的杂货店买的。蓝染印花布购于镰仓的fabric camp。

月桃叶子

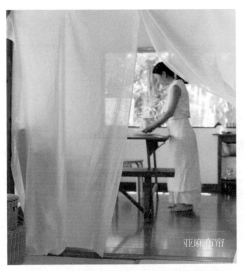

亚麻布帘

蓝染花布

四季
养生

从身体内部调理
的夏日养生法

日本的夏天一年比一年炎热，每天从一大早开始就在太阳的控制下。连平时这么馋嘴的我，在这种天气也经常吃不下东西，变得总是吃富含碳水化合物的面类，这样下去可不好啊……

近几年，有一样东西是我们家夏天餐桌上不可或缺的。三年前，我轻度中暑，实在难受得不行，忽然没来由地想吃西瓜，就买来了。一大口一大口地吃，感觉活了过来。我还记得当时那种感觉，就好像糖分和水分慢慢蔓延到身体的每一个角落。从那之后我就会买大西瓜回来，切成一口大小的块儿，累的时候，肚子有点饿的时候，就可以砰地一下放一块进嘴里。

个头大的西瓜皮也多。其实它的皮也具有营养价值，在中国好像被当作一种中药在使用。把外皮去除干净，翡翠色的部分切块，用一层薄薄的盐腌一下，或者做成凉拌菜都不错。

我的家人只吃瓜瓤，但每天只吃瓜瓤的话，皮上可以吃的部分就会剩下，所以我只能自己一个人来完成这部分的"指标"啦。

番茄酱扁豆炒本地章鱼
△菜谱见162页

色香味俱全的
夏季餐桌

油浸毛豆银鱼冷豆腐
△菜谱见161页

拌紫苏叶饭团
△菜谱见162页

米糠西瓜皮
△菜谱见163页

冬瓜梅干汤
△菜谱见163页

留住太阳的恩赐
用智慧和美味养精蓄锐

每天那么热，导致我的食欲下降，也变得不想做菜了。特别是需要用火的菜，我更是怕麻烦，连动都懒得动。

即便如此，暑假我还是不得不给女儿做饭，就算做也总是做素面。我会尽量减少自己站在厨房的时间。那段时间，因为夏天的恩赐而保存下来的那些食物帮了大忙。

一般人都容易认为饭团是过于单调的。首先，我们可以用拌好的紫苏叶把饭团包起来，这样一来，平时在酷暑中难以入口的饭团也变得能吃得下去了。冷豆腐，只需浇上"油浸毛豆银鱼"即可。因为用了橄榄油烹调，所以和一般的冷豆腐味道有点不一样。扁豆炒章鱼那道菜，是把扁豆和当地的章鱼快炒后，加入之前做好的番茄酱，那种酸味和辣味可以增进食欲。另外，"米糠西瓜皮"也是一道很令人称赞的小菜，一点儿红色的瓜瓤也不留会更好吃。最后，煮"冬瓜梅干汤"，因为加入了梅干一起炖而成了有清爽口感的汤品。趁着温热的时候当然好喝，冷藏之后也很美味。

夏天里那些之前保存好的食物帮我挺过了夏日的疲乏。不管是凉爽的器物还是亚麻桌布，都是我消暑的重要工具。

享受季节美味的方法

季节的美食
要自己去感受点点滴滴
我也会不经意地
分享给来我家的客人
根据季节不同
更换招待客人的饮料
还会添一些小点心
我也很喜欢把时令水果加入料理中
多多去发现新的做法
也会增加美味的幸福感

四季的待客小茶点

夏

柠檬草枇杷叶茶
△菜谱见186页

水果蜜豆
△菜谱见186页

消暑清凉甜品

蜜豆梅子汁

春

蜂蜜柑橘饮
△菜谱见185页

迷迭香燕麦曲奇
△菜谱见184页

满载春天的香气

甜中带点微苦的柑橘和草本

随着四季的变换，我也会经常做一些简单的小点心来吃。

我常常和客人一边吃一边谈谈心，如果这些点心合他们的口味，我也觉得很开心。

冬

干果甘纳许

△菜谱见188页

柚子茶

△菜谱见188页

美味浓郁　一颗就让人心绪平稳

的甜点配以味醇多汁的柚子茶

秋

路易波士茶

△菜谱见187页

洋梨萨伐仑松饼

△菜谱见187页

醇香的洋梨　成熟气息的茶

一道温暖你的优雅点心

再来一品 时令水果

夏

香菜脆梨子黄瓜

△菜谱见189页

清爽的梨子和夏天的蔬菜

口感清脆 轻盈水润 冰冰凉凉

春

草莓小萝卜扇贝CarPaccio

△菜谱见189页

浅白色的扇贝装点草莓的颜色

和味道 春季佳品

一看就是时令的水果，如果只拿来做一道普通的甜品，就是暴殄天物了。应该做成一道口感绝佳的菜品，把蔬菜没有而水果特有的酸甜充分释放出来。

△菜谱见191页

柿子干苹果前菜

冬

意大利烤香肠和芝士的美味　搭配柿子干的甜味和苹果的爽口

△菜谱见190页

白芝麻葡萄春菊

秋

裹着滑嫩的豆腐　搭配果汁饱满的葡萄　调和出一种独特的甘甜

保存美味的罐子的使用诀窍

△ 根据用途不同选择合适的罐子

根据要做菜的材料和分量来选择大小和形状适合的罐子，选好盖子以防止液体漏出。如果制作需要分装的果酱之类的食物，提前准备好小罐子会比较方便。

△ 密封时多一道工序可以保存更久

罐装食物在热水中煮沸20～30分钟，倒置冷却后可长期保存。此外，把刚做好还热腾腾的食物装罐，再把罐身倒过来放，同样可以延长食物的保存期限。

△ 使用前消毒会比较放心

把罐子和盖子用沸水煮10～15分钟后取出，自然风干即可；也可用烧酒浸泡后再用厨房用纸擦干，以达到防治杂菌繁殖的目的。

△ 请于阴凉处或冷藏保存

装瓶后基本上都需要冷藏保存，真空密封的话常温也可以保存。在这种情况下，需避免阳光直射，放置于阴凉处。开封后至食用完之前请冷藏。

秋

aki

———

余热散尽　大地变成金黄色
我们的胃也渴望起新收获的多彩美食

暑假结束了，经过一连几日热闹的夏日祭，海边和我海边的家一片寂静，就好像大拆迁过后一般……

忽然抬头望天，鱼鳞般的云彩染上了一层橘色。太阳一天比一天落得更早，衣服也添了一件又一件。接着，开始能闻到桂花的香味了，略带伤感的秋天就这么来了。

在夏天还留有余韵的时节，菜市场上迎来了新的收获。这个季节果实特别多，令我忧伤的表情也缓和了起来。之前还在叹息夏日已远去的那个我，去哪儿了？

为了让我的胃能够饱尝秋天的味道，我匆匆忙忙地就行动起来了。

新米配秋刀鱼。

香气四溢的茶配上刚蒸好的栗子和白薯做的点心也不错。

晚上的时间变长了。

院子里到处都能听到虫儿们的合唱。

晚风吹得狗尾巴草沙沙作响。

月光好像是聚光灯一般……

秋天的晚上，也是做菜的好时间。

|秋天的水果|—— 芳醇的香气 好似一幅画

秋天也是水果丰收的季节。进入处暑后，店里的水果摊也都是一番秋色。就这么大口直接吃已经很好吃了，但我更喜欢用各种花样的方式来享用。

比如把无花果做成果酱。无花果涩味太重，生吃时我身上还会发痒，所以每次都吃不了几口。但把它做成果酱后，我就能吃好多。我喜欢加上一些红酒和醋，这样就完成了一道甜品。

最近可以连皮吃的葡萄多起来了，比如玫瑰香葡萄或者红罗莎里奥[1]等。不仅颗颗个头儿大，吃的时候皮也是咔嚓一声就能裂开。味道够甜，香气丰富，颜色也颇有魅力。试着把它做成一道西式的泡菜。没想到起到了餐间小菜的作用，好像还挺下酒的。

洋梨就好像是一幅画。在它酝酿出芳醇的香气之前，我会把它装盘，摆出各种喜欢的造型。如果把它做成一道蜜饯，果肉自然可以用来吃，连吸收了洋梨汁的蜜饯水也可以利用起来，可以加在果冻和红茶里，也可以加在西点里，比如萨伐仑松饼[2]。

妖艳深红色的石榴，果肉加蜂蜜用醋泡起来，然后加入少量的橄榄油和盐，拌匀后可以作为色拉调料，也可以在有客人到访时，兑苏打水或者热水做成饮料招待客人。可以一边喝着鲜亮的粉红色饮料，一边聊天。

---

[1] 红罗莎里奥：为欧亚种。原产地日本。由日本植原葡萄研究所育成。
[2] 萨伐仑松饼（sararin）：一种圈状重油发面饼，在酒味糖浆中浸渍过，一种皇冠形奶油糕点。

洋梨蜜饯
△菜谱见164页

{ *memo* } 香草豆使"洋梨蜜饯"的香味更加芳醇。把削下的皮用纱布包好
一起煮，美味的果汁精华液就会渗出，使得果肉也有一种馥郁的
香气。

无花果酱　　　　　　　　腌葡萄
△菜谱见166页　　　　　△菜谱见165页

{ *memo* } 无花果酱可以做色拉调料，也可以做煎鱼或者肉的酱汁。腌葡萄
　　　　我比较推荐做沙拉和凉拌菜。

蜂蜜生姜腌石榴
参照 memo

{ *memo* } 取200g石榴果粒，苹果醋1小杯，蜂蜜100g放入密封瓶。摇匀放置
于常温下，待蜂蜜化开即完成。

|栗子|—— 即使麻烦也要做的幸福点心

栗子金团，涩皮煮，蒙布朗①……说起与栗子有关的点心，我可以脱口而出一大堆来……它让我有深深的负罪感，因为我完全经不起栗子的诱惑，往往还没反应过来就已经一口吃掉了。说起来，栗子真的是一种很费事的食材。但一想到那种美味，我就不由得对自己说一声"好嘞"，立马就干劲十足。

去年，在父亲的山里摘臭橙②的时候，也摘了些栗子。最近，听说很快就会被猪啊鹿啊什么的吃掉，我们就赶快去山里捡栗子了。

父亲熟练地用一只脚踩着刺刺的栗子壳在地上碾，里面的果实就露出来了。我们也不能输啊！一番努力还是有价值的，抢在猪之前，出色地完成任务，把栗子弄到手了。栗子的新鲜度至关重要。刚采下的栗子水嫩嫩的，皮也容易剥，最重要的是也没被虫咬过。

为了能随时吃到这新鲜的栗子，我就把它做成了栗子果泥。加少许盐，可以更加凸显栗子的甜味。再加一点洋酒，就更添风味了，变成了一道厉害的甜点。可以在朴实无华的面包或者冰淇淋上加一点，也推荐搭配黑加仑和莓子类的一起食用。

---

① 蒙布朗：一款使用栗子泥制作的法国糕点，口感细腻。
② 臭橙：日本特产的一种类似橘子、橙子的水果。味道较酸，类似柠檬。

栗子果泥
△菜谱见106页

{ *memo* } 把栗子的外壳和内皮都剥干净，煮至软糯。在还有点发硬的时候就加入甜味的话，栗子就无法煮软，所以需在软糯之后再增加它的甜味。

|臭橙|——父亲的臭橙就像是秋天到来的"通知书"

进入处暑后，住在大分县的父亲也没提前打个招呼就给我寄来了一大堆臭橙。那充满野性的外形就是在大自然下孕育成长的证据。切开来看，里面满满的都是籽。收到臭橙的那天晚餐一定会吃秋刀鱼。鱼身膘肥，往萝卜泥里毫不心疼地挤满果汁，再滴上几滴酱油。哎呀呀，像这种吃法，今年不知道还能吃几次啊……

以前就想着，什么时候也要亲自去摘一次臭橙。去年我们全家去了一趟大分，终于实现了这个愿望。父亲的菜地基本上是免耕栽培的，所以地里也没有可以走的路。为了我们这群门外汉，父亲专门花了半天的时间给我们开出一条小道来。我们跟在轻车熟路的父亲身后，小心翼翼地走着，然后看到了结满枝头的柑橘。除了臭橙，还有酸橘、柚子、香酸柑橘。就算被蚊子咬，我们也不觉得有什么，因为完全沉浸在第一次见到这番光景的兴奋中，就那么一直采摘。等30分钟后回过神来，已经装了两大箱了。寄回家，送给到访的客人和要去见的朋友。

除了一直常做的橙子醋，也可以用蜂蜜泡，还第一次挑战做了类似"柠檬凝乳"的"臭橙凝乳"。一般的柠檬凝乳会放不少黄油，我做的"臭橙凝乳"不加黄油，是用豆浆制作的"清爽版"。完成后像是有点酸的牛奶蛋糊奶油，推荐用作司康饼和水果塔的馅料。烘烤的点心特别可爱，作为秋天的小零食再合适不过了。

臭橙凝乳
△菜谱见167页

{ *memo* } 刚收的臭橙稍微放置一段时间皮会变软，这时候更容易榨出果汁。而且熟透后会变得更多汁，不妨试试看。

|秋刀鱼| —— 美味百变 秋刀鱼的魔法

在我年幼的时候吃秋刀鱼，除了配萝卜泥和臭橙，完全不知道其他的吃法。

随着年纪的增长，慢慢才知道烤鱼、生鱼片、鱼圆……慢慢开始对如何做秋刀鱼产生了兴趣。得知"油煮"①这种烹饪方法后，又多了一种新做法。我发现秋刀鱼不仅在日本菜里，而且在西洋风料理中也可以很有魅力。把秋刀鱼撒上盐，适当除去水分，倒入满满的橄榄油，加入香草料，用小火慢煮，就完成了一道沉静而有光泽的菜品。

就像油浸沙丁鱼一样，如果把油换成芝麻油的话，就变成了一道配米饭吃的小菜。泡了秋刀鱼汤汁的油也可以用作调味料。鱼身切了块，又用油这么一泡，再被刚煮好的意大利面包裹缠绕在里面的话，即便是不爱吃鱼的小朋友们，也会大口吃起来。用芝麻油做的话，建议还可以把鱼身稍微切小块些，加点酱油拌饭吃。另外，做成饭团也不错。

如果你找到的秋刀鱼鱼身呈透亮的青蓝色，肉质细嫩，鱼嘴呈黄色，眼珠通透，就赶快动手做一做，把那份鲜美好好地保存起来吧！

---

① 译者注：西班牙菜做法之一，用温热的油烹调食材。

油煮秋刀鱼
△ 菜谱见168页

{ *memo* } 秋刀鱼在油煮之前，先用白葡萄酒和醋腌泡1小时左右，可以去除
腥味，让肉口感更紧实，不容易煮散。

|红薯|——可爱的味道唤醒和家人的记忆

在我不知如何是好的时候总是能想到红薯。丈夫不爱吃红薯，但我和女儿很喜欢。它是我家常备的食材，特别是秋天的红薯，伴随着各种各样的回忆。

小时候关于红薯的记忆，是去参加幼儿园的远足活动——挖红薯。结果我却晕车了，不要说挖红薯了，整个人都难受到不行……和女儿一起关于红薯的记忆，也是她去参加幼儿园挖红薯的远足活动。那时候她只穿了一条连衣裙，连内裤上都是泥，挖了好多红薯。我也经常做拔丝红薯和红薯点心给她吃。

和父亲一起关于红薯的记忆，当然是收到从他那儿寄来的包裹。寄来的有：安纳芋①啦，可以有效缓解花粉症的白薯啦，还有据说是比安纳芋便宜的大分县知名特产——"甘太"之类的。种了好几种给我寄过来。如果寄得太多，我就蒸了之后切好，大太阳晒干。脱去刚刚好水分的红薯，甜味更浓缩，有一种粘牙的口感。吃多少就拿多少，在铁丝网上稍微烤一烤趁热吃，实在是太好吃了。

红薯的外形很质朴，而且没有完全相同的形状：有细长细长的，也有圆滚滚的，真是可爱。正因为如此，所以总是能勾起我的回忆。

---

① 安纳芋：原产于日本，皮薄粉甜，甜度很高。

红薯干

△菜谱见169页

{ *memo* } 晒得时间过长红薯会变硬,所以晒干过程中一定要多加留心。切成小块加一点在发糕、松饼之类的点心里,或者用来做菜饭,都很好吃。

|熏制|—— 我家的秋天 用茶叶熏制成焦糖色

过了秋分之后，人就被一种秋天的气息所包围，容易被散发着香气
的东西所吸引。夏天没怎么吃的烤点心，也慢慢感受到了它的美
味，一个接一个地吃起来。用餐也是，总想吃些烤得焦一点的或者
颜色偏深的食物。

在这种时候，我推荐你试着改吃熏制的食物。我们家用的不是木
片，而是茶叶和粗糖，使用旧平底锅或者其他锅来制作。招牌菜是
培根。

把提前用盐和香草料腌好的猪肉煎15分钟，就成了香喷喷的培根。
一旦你觉得培根"好吃"，就会想要尝试各种各样的搭配。鸡蛋
呀，鸡肉呀，还有香肠什么的。奶酪请使用不易融化的加工干奶
酪。撒点盐，配三文鱼和秋刀鱼都很好吃。如果用这种方法来熏制
泽庵①，味道会很像秋田县产的熏萝卜干。

茶叶使用的是烘焙茶、粗茶，还有红茶、乌龙茶等。因为茶叶的香味
也会变化，所以可以多组合多试几次，找到自己喜欢的那种味道。从
厨房飘来阵阵香味，真是让人蠢蠢欲动、坐立不安。但在它冷却下
来之前还是要忍耐再忍耐。散发出的香味对享用美食而言也是很重
要的一环。

---

① 译者注：一种把萝卜用米糠和盐腌制的小菜。

奶酪熏白煮蛋
memo

{ *memo* } 平底锅里铺上茶叶和粗糖，奶酪熏8分钟，白煮蛋6分钟。
　　　　※熏制方法请参考应用培根的做法5（P.170）。

秋_aki

{ *memo* } 在熏制前要把猪肉用盐腌三天，然后再用蜂蜜和香草料腌三天，
使其变为"熟成肉"。①这可能会花些时间，但这道工序可以让美
味更加浓缩入味。

———————————

① 译者注：所谓"熟成肉"，指将新鲜的肉类放在指定的温度、湿度下自然
发酵，使其更具有风味、更柔软易嚼。

培根
见菜谱第169页

|赏月|—— 手工的丸子 小小的装饰

可能是因为女儿的出生吧，我变得更享受四季的乐趣，收获了更多东西。

女儿的幼儿园在寺院里，随着四季的变换，也会教孩子们体验日本各种各样的风俗习惯。七夕和节分①的时候，我们全家都会去帮忙。每个月的生日会，大家都会采摘一些时令蔬果来做爱吃的点心，一起开开心心地庆祝。经常会做的点心是丸子，这些连孩子们都会做。不，应该说孩子们做得更好。

幼儿园里有一块供孩子们玩的沙土地，在那里孩子想搓多少泥球就搓多少。小小的手，专心致志地为搓出圆溜溜的球而拼命努力。年长的孩子也是这样教年幼的孩子的。我现在还清楚地记得，女儿手里拿着装了大泥球的盒子，兴奋地下了公交车跑向我的样子。

我们家的赏月是很简朴的。只是从院子里摘一根狗尾巴草，插在和田麻美子②做的小花瓶里。在安藤雅信③做的带有高台的小盘子里放几颗丸子，祈祷明年可以丰收……

赏中秋之明月，可是秋天的一大乐事。

---

① 节分：是指立春、立夏、立秋、立冬的前一天，但主要是指立春的前一天。
② 和田麻美子：日本知名陶瓷艺术家。她的陶瓷造型精美、颜色纯正、风格简约，给人一种静谧的感觉。
③ 安藤雅信：日本陶艺家、雕刻家、作家。他的作品在简单又不失现代感的造型里散发着传统的美感。

赏月丸子
△菜谱见170页

{ *memo* } 酱油、糖和水一起煮开片刻，加太白粉勾芡。做好的御手洗丸
子，建议在要吃的时候浇上芡汁。

|秋季换装|── **无所适从的季节 就穿大爱的山羊绒**

天气一天天变冷，早晚气温骤降，穿亚麻或者棉布材质的衣服会感到冷。我最无所适从的季节还是来了。

因为我比较怕冷，所以暖和的针织衫或披肩之类的是必备品。而那种针脚太密的针织物太重了，我穿起来肩膀会酸痛，所以慢慢开始喜欢山羊绒了。不仅可以保暖，而且柔绵软的毛质也给人带来宁静安详的肌肤触感。甚至好像可以忘记它的存在，如沉浸在梦境般。

脖子暖和了，感觉也就没那么冷了。在气温变化无常的初秋，我总是会随身带着披肩。我非常喜欢而且每天都会围着的，是手工编织的山羊绒品牌"Tissage"。色调柔和但带有一种凛然的氛围，简直就是编织家理咲子①本人。

即便是起了毛球也很可爱。季节交替或者弄脏的时候，用ECOVER的"精致衣物洗衣液"，像给婴儿洗澡一样轻柔洗净就可以了。

有时候想要随便穿一件稍微大一些的针织衫，就会偷偷穿我丈夫的。我女儿也会趁我不注意时偷偷穿我的。女儿身高已经超过我了，我借女儿的毛衣来穿的日子，看来也不远了。

---

① 　理咲子：山羊绒编织手艺人。

四季
养生

从体内保暖
秋季养生疗法

夏天我们常常会吃一些让身体降温的东西。即使到了秋天，还是会受到影响，身体的疲累无法得到缓解，肠胃的状况也不太好……在这个季节也容易闪到腰，应该也是因为夏天受凉所致。

加上会有台风，大自然的天气也不是很稳定，这个季节真的很难过得安宁。这个时候更需要注意，多吃一些可以让身体暖和的食物。可以给身体增加热量的大米、杂粮、豆制品等，刚好在这个季节大量上市。不论是哪一种，我都推荐你好好炒一炒，那样会变得又好闻又好吃，完成也不需要花太多时间。

我经常使用的是荞麦仁、玄米和大豆。

荞麦仁可以加在汤里，也可以做成麦茶。玄米当然也可以做汤，加在沙拉上面，或者做成格兰诺拉麦片①也很好吃。大豆和米饭一起煮的话，就会变成松软热乎、香气四溢的菜饭。

很重要的一点：在用这些食材开始做菜之前，要小火慢慢炒，注意不要炒煳了。可以在有空的时候一起做，保存好之后下次就可以直接拿来用，这样就方便多了。

小火慢炒的这段时间，可能也是心灵和身体相处对话的好时机。

———————

① 格兰诺拉麦片：由坚果、果干和滚压燕麦烘培而成。烘培前通常浇上枫糖浆及蜂蜜以增加口感和甜度。

色香味浓郁的
秋季餐桌

秋刀鱼灰树花菌^① 杏仁意面
※菜谱见171页

① 灰树花菌：俗称"舞菇"，食药兼用，夏秋间常野生于栗树周围。子实体肉质，柄短呈
珊瑚状分枝，重叠成丛，外观层叠似菊，气味清香四溢，肉质脆嫩爽口。

腌葡萄大头菜烤茄子培根
△菜谱见172页

荞麦仁根菜浓汤
△菜谱见173页

感受秋天的深沉
馥郁的味觉盛宴竞相上演

硕果累累的秋天，丰富的蔬菜也给秋天的餐桌增添了更馥郁的滋味。

前菜可以用腌葡萄培根做的腌菜，大头菜①的口感用来点缀，再加上腌菜汁，就更入味了。加上烤好的茄子一起煎一煎，变成漂亮的翡翠色，为餐桌又增添了一道秋季的色彩。

主菜是"油煮秋刀鱼"配意大利面。撕成条的秋刀鱼里加入坚果的浓香会令口感更佳。最近我喜欢用一种卷筒型短意面，它比长意面更不容易变形，也很适合聚会的时候吃。当然，还是可以搭配长意面的。如果倒一些煮过秋刀鱼的油进去，也会增加秋刀鱼特有的微苦口感，美味升级。

秋天的浓菜汤，是把炒荞麦仁和各种丰富的蔬菜一起炒了以后再煮。虽然没有动物性食材，但做出来的成品清爽又好吃。磨碎的莲

---

① 大头菜：又名雪里蕻、榨菜和雪菜，也是芥菜的一种。质地肥厚柔嫩，口感脆辣。

藕糊和生姜，会让你从身体里面暖起来。没吃完的话还可以作第二天的早餐。跟前几天比起来蔫了一点儿的蔬菜，也渐渐渗透出另一种美味。

食欲旺盛的秋天，我一边满足贪吃的胃，一边也要开始为身体过冬做准备。

冬

fuyu

———

枯叶凋零　足不出户
寒冬里勤于料理的每一天

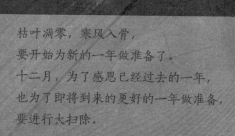

枯叶凋零，寒风入骨，
要开始为新的一年做准备了。
十二月，为了感恩已经过去的一年，
也为了即将到来的更好的一年做准备，
要进行大扫除。

各种新年的祝福结束以后，
安静的季节终于来临。
积雪特别深，
早上起来一片白雪茫茫。

深睡的山林就像是一幅水墨画。
鼻尖被冻得通红。万里无云的天气，
让这冬天的景色更添了一分凛冽。

自然界的万物，
又快要开始新一轮的循环生长了吧？
焦急企盼着温暖日子的来临。
我们也慢慢享受着，
只有在这安静的冬天才能做的事。
这么一来，
不知不觉当中，身心都暖起来了⋯⋯

|制作味噌| —— 大寒里的重要工作 祈愿今年美味依旧

我从开始亲手做味噌到现在，已经有十多年了。最初自己一个人做，总是担心。准备工作也是一边参照着别人的做法一边自己摸索。之前从来没有想到做这个这么难，到现在都记得当时我花了差不多一整天的时间。我也想过下一年还要不要做了，但做好的味道实在太好吃了，所以还是请人在大寒的时候，寄了大豆和曲子①给我继续做。

做味噌，大家最担心的就是发霉。我们家的味噌每年也会多多少少有点发霉。自然无添加的东西，本来就容易发霉。及时发现，把发霉的部分丢掉就可以了。话虽如此，还是想尽量避免，所以我实践了一下朋友告诉我的方法。

容易发霉的是与空气接触的最上面。所以在装好的味噌最上面盖上满满一层板状的酒糟并压紧。如此一来，即便是发霉也在酒糟的最上面，而下面的味噌不会发霉。没有发霉的酒糟还可以和适量的味噌混合后保存，就成了酒糟味噌，可以用来做汤或者酒酿，也是一种醇香美味的食物。

请你一定要试试"在装好的味噌上覆盖酒糟"这个办法。如果跟合得来的人一起装，你们一定会非常享受这段愉快时光的。

---

① 曲子：用曲霉和它的培养基制成的块状物，用来酿酒或制酱。

{ *memo* } 团一个拳头大小的味噌球，向容器的底部猛地摔几下。这样可以
释放味噌里面的空气，使杂菌不易繁殖。

味噌

△菜谱见174页

|白菜|—— 腌完之后再煮透 完全满足冬天的味觉

进入小雪，冬天也算是正式来临了。有时候能看到长得非常好的白菜，那也是我喜欢的蔬菜之一。我经常生吃，也喜欢把它煮透，带点黏黏的口感。特别是下霜的时候，白菜特别甜。以前邻居叔叔亲手做的烧卖很好吃，一问是用了霜打过的白菜。好想能再吃到啊。

如果看到好吃的白菜，刚好当时又没背什么行李的话，我一定会整颗买回去腌。在腌之前我会放在大太阳下晒干，这样会更好吃。

先把白菜切一半，加盐和海带，用柚子腌上，也就是所谓的腌白菜。腌好的白菜会有点酸，有时候用来做台湾的酸菜白肉锅。

说到这里，不得不提的是"泡菜"。材料多种多样：蚬贝、干海参、海米、带香味的蔬菜、苹果等。还是自己做的泡菜最好吃、最入味；这也是我冬天的一大乐趣，每年都好想吃。

用其他的蔬菜也可以做。如果就那么放着让它继续发酵，酸味会更重，加点芝麻油炒一下，会更浓香美味。

泡菜在寒冷季节里那些备受欢迎的锅料理①中也很常见。

---

① 锅料理：主要是指将烹饪的锅连同菜品一起端上餐桌的一种日本料理。

泡菜
△菜谱见175页

{ *memo* } 同样的腌制方法，来做换季蔬菜、大头菜或者白菜之类的也很好
　　　　吃。卷心菜应该也不错，可以试试看。

|萝卜|—— 晒干后用途广泛的万能选手

到了12月，一种比普通萝卜大得多的萝卜开始大量上市。

没错，它就是三浦萝卜。按照当地的市价，两三百日元（约合人民币十几元）就可以买到像我脚那么大的萝卜或者大把大把的叶子。

用菜刀一切，鲜嫩多汁，真是令人欣喜。做成萝卜泥配当地的清汤银鱼热乌龙面，也可以加在煮菜或者关东煮里，还可以做麻婆萝卜。

感冒或者喉咙痛的时候，用蜂蜜泡萝卜，喝泡过的汤汁可以代替吃药。

如果还有剩余的，可以做成萝卜丝然后晒干……

晒干后的萝卜营养价值更高，和生吃的口感也完全不一样，让人欲罢不能。萝卜叶也切了以后晒干。当你做其他菜感到绿色不够的时候，萝卜叶很快就能泡开，非常方便。被虫咬得很厉害的叶子也可以切碎后用纱布包起来，泡澡的时候放进去。不仅可以很快让身体暖和起来，还可以在皮肤上形成一层膜，起到保温的作用。请一定试试看。

最近看到好多种萝卜，像是红心萝卜，外表黄绿色的皮，根本想象不出里面是鲜艳的粉色。把它切成薄片，晒到半干也不错。可以给冬季暗沉的餐桌上增添一道亮眼的色彩。

萝卜干和萝卜叶
△参照memo

{ *memo* } 把萝卜切丝，萝卜叶大致切几刀，水擦干，放在竹筛子上晒一周
　　　左右。要避免沾上夜间的露水，所以夜晚请收进室内。

| 冬季的柑橘 | —— **咕嘟咕嘟 煮成冬天闪耀的宝石**

橘子吃起来非常方便，我每天饭后或洗澡出来都会偷偷吃一些。女儿小时候也特别爱吃橘子，那时候她手脚变得黄黄的，送去医院一看，说是"橘子吃多了"。我们两个每天都要吃那种个头小一点的偏酸的橘子。如果是无农药橘子的话，可以把皮切碎做陈皮，用来给菜做点缀或者做成七味唐辛子[①]。

我也很喜欢金橘。近来随着温室栽培的增多，金橘口味偏甜，容易入口。但我更喜欢那种自然生长的金橘，有种野性的味道，酸酸的，还带点苦。自然生长的金橘籽多，皮也比较硬。生吃的话我会切成薄片加在沙拉里，非常好吃。

每年我还会做好多蜜饯。加了大量白葡萄酒的蜜饯汁咕嘟咕嘟煮透以后，跟酸奶和巧克力蛋糕都很搭。

柚子我也很喜欢。做成柚子皮果酱，可以加到炖菜里或者用作调味料，还可以兑开水做成柚子茶，还可以作司康饼的夹心，用途广泛。想要做得更好吃，就要把皮反复水煮，仔细撇去浮沫。另外，加糖的时机也很重要。要在皮被煮软了以后才能加，否则怎么煮都不会软润了。所以当你看到那些柚子果酱或是蜜饯闪闪发光，都是做的人好好下了一番工夫的证明。

---

① 唐辛子：原属于日语中的词汇，现代也常见于台湾。中文意思就是辣椒。唐指中国，常见的辛辣在中文意思中是一种刺激性气味，后来中国的辣椒传到日本，日本人就把这种来自中国的具有辛辣气味的植物叫作唐辛子。

柚子皮果酱
菜谱见177页

金橘蜜饯
菜谱见177页

|柿子|—— 晴空万里的冬天 孕育出的浓醇甜美

柿子根据甜味和软硬不同，可以有很多种做法。它是一种我长大后才懂得其中奥妙的水果。虽然没有橘子那么常见，却是一个无法忽视的存在。连乌鸦都不吃的涩柿子，都能做出好吃的味道，古人的智慧可真是不得了。

今年我也早早就买了涩柿子，试着做成"柿子干"。吊起来的柿子模样十分可爱，让我想起在大分县山里的奶奶家。据说干燥到一定程度后，用手轻柔地按压几次，甜味就会比较均匀了。

看起来差不多快好了……

第一次做的柿子干，小心翼翼地保存好，一点一点慢慢地吃。

当作茶点一整个吃下去的时候，感觉真是太幸福了。粘牙的口感和自然的甜味，切成条和醋一起拌进菜里，或者和巧克力一起放进司康饼里烤一烤，各种做法都很有乐趣。

在大城市里也有随手可得的甜柿子，可以拿来做成柿子干。整个放在外面晒干容易被乌鸦叼走，所以可以切了片以后再晒。我第一次拿出去晒的时候，很遗憾，全都被松鼠偷去吃了。现在我是吸取教训了，像晒其他干货一样，把柿子放进网状的容器里，小心地拿出去晒。

柿子干
△参照memo

{ *memo* } 把剥了皮的涩柿子用烧酒或者热水泡一下，在蒂的部位系上绳子
吊在房檐下面两个星期。如果介意雨水或者夜晚的露水，可以看
情况收进来，在室内风干。

|岁末| —— 准备礼物时心系即将赠予之人　内心
也会感到无比喜悦

这一年不管是公事还是私事，都承蒙了很多人的照顾。从事我这种
工作的人，容易被误以为是很擅于社交、跟各种各样的人打交道。
其实不然。和陌生人见面我容易紧张，也很难主动上前打招呼，可
以说是一个非常谨慎小心的人。而且我还是喜欢待在家里，经常回
过神来才发现，已经好久没和家人以外的人说话了。即便如此，那
些我有缘遇到的人，还是对我温柔以待，也慢慢打开了我的心门。
受到他们的刺激，我也被激发起来，觉得再不努力就不行了。真的
很感谢他们。

在小雪来临之际，我心怀这一年来的感激，脑子里浮现出和他们之
间的种种回忆。我能做的，就是亲手为他们制作一份礼物。每样分
装一些，作为年末回礼赠送给他们。在这个繁忙的12月，我会选择
做一些可以让他们在百忙之中喘口气的间歇，拿起来就能吃的方便又
耐存的食物。我想把今年用心栽培出来的青森红玉苹果①，晒干后用
洋酒泡一泡，做成蛋糕和苹果干。

心里一边想着对方一边做，对于我自己来说，也是对那些有缘之人
表达感谢的重要时光。美味的食物又会为我带来新的良缘。新的一
年，还请多多指教。

---

① 青森红玉苹果：以日本东北青森县出产的青森苹果最为优质。青森苹果的品种繁多，包
括黄玉、昂林、千秋、北斗、红玉、王林、金星、陆奥、国光、印度等，共计23个品种。每
个品种的颜色、口味、肉质和收获期不同，其中又以山富士这个品种的青森苹果为最佳。

苹果蔓越莓干烤点心
△菜谱见178页

|烤炉时间|——放在那儿不管 也可以变成一道梦幻的阿拉丁料理

我一直希望家里什么时候能有一台阿拉丁烤炉。每年都这么想着，不知不觉春天就来了。

有一天，我很开心地听到有人对我说："我丈夫受不了灯油的味道。如果阿玉你不介意的话，就拿回家用吧。"然后我就请她给我看看，居然是今年发售的奶油色阿拉丁炉。比最新款的要简洁稳重，很不错。虽然是用过的，但是保管得很好，我二话没说就收下了。

至今已经用了五六年，依然没什么问题。

它不仅可以用来取暖，还可以拿来做菜。烧水的时候可以把盖子打开，热气可以给房间加湿。用铝箔纸把番薯包起来放在炉子上，可以做烤番薯。煮煮豆子啊汤什么的也很不错。光是看着心里就觉得暖乎乎的。

一大早起来第一件要做的事情就是开火给家里人准备早餐和便当。在这期间，可以把自己吃的早餐用火炉准备起来。小锅里放一人份的汤，再在上面加一个巴掌大的蒸笼，放上法国面包和蔬菜。把大家都送走后，我就可以享用热腾腾的早餐了。在我家，它可是冬天不可或缺的料理工具呢。我们白色的小阿拉丁哟，什么时候我去买本用阿拉丁炉做菜的书吧……

{ *memo* } 左上的图片就是一人份的早餐。放到炉子里的小锅上加一个蒸笼，炉子里热腾腾的蒸汽就会把面包和蔬菜都蒸得美味无比。

|新年的准备| ——为我们家过去的一年和即将到来的一年送上小小的祝福

喧闹的圣诞节已经过去,寒假来临,我和家人一起进行大扫除。也正好以此为契机,确认一下哪些东西是需要的,哪些是不需要的。为了能用崭新的心情迎接新的一年,我们要怀抱着对过去一年平安度过的感激,把每一个角落都打扫得干干净净。把一年的污浊都清除掉,准备迎接新年。把水桶里种的水稻(P.048)按自己的风格做成简单的注连绳①,用红白两色的花纸绳绑好。为了不只用一天,我特意选在今年最后的黄道吉日,把它和门松一起装饰起来。

年糕做成手掌大小。横须贺②以前有(现在已经不在了)一家古董商店,叫"三季",我在那家店一眼看中了一个小小的木器,就把小圆饼和小柚子放在那个上面了。在这个世上独一无二的可爱器皿上,摆放着因为空气干燥而裂开的年糕。年糕敲碎后,和小豆一起煮成小豆粥也不错。

终于到除夕了。还有一天就到新年了。我总是在前一天就采购完,当天准备好年菜后早早去洗澡,一边尽情享用着跨年荞麦面和天妇罗,一边回顾过去的这一年。可能是太累了,好几次都是听着除夕的钟声进入了梦乡。如果已经做好了迎接新年的准备,就向来年行个礼问声好吧。

---

① 注连绳:是秸秆绳索上有白色"之"字形纸带,它表示神圣物品的界限。按照日本一般风俗,除夕前要大扫除,并在门口挂草绳,插上桔子,在门上系注连绳,保佑新的一年可以得到神的庇佑。
② 横须贺:位于日本神奈川县南东部三浦半岛的城市中部东岸,北邻横滨,扼东京湾口,为首都东京的门户。

自家烩年糕
△菜谱见179页

元旦。在家人起床前我就穿戴整齐，神清气爽地开始准备烩年糕和年菜。我们家做烩年糕，要用海带和鲣鱼煮成高汤，加入烤年糕、鸡肉、蔬菜还有鱼肉山芋饼。其实我们家人不太喜欢吃年糕，但是这道菜里面的年糕就会一个接着一个吃不停。

至于节菜，考虑到丈夫2号就要开始上班，女儿对漆过敏，不能使用套盒，所以我们家会用大盘子装满一整天分量的菜。这个时候濑户①的石器可是帮了大忙了。大虾，再加上照烧鰤鱼和筑前煮②。我第一次吃到松风烧③是在我丈夫的老家。沙丁鱼干加核桃也是很香。醋拌生鱼丝也是我的心头好。盖饭做了好多。百合根金团④甜中带着微苦，有一种成熟的味道，最后作为压轴出场。

像这样的新年气氛只有元旦这天才会有。酒足饭饱，好了，去新年参拜吧！

---

① 濑户：日本本州中南部陶瓷工业城市。因接近陶土产地，自古以产陶瓷器著名。
② 筑前煮：菜名，主要原料有鸡肉、蒟蒻、牛蒡、芋芳等。
③ 松风烧：用肉糜和鸡蛋做成的料理。是日本人经常放在便当中的一款家常配菜，也可用来佐酒。
④ 金团：山药或白薯泥加栗子的一种甜食。

柚子杯醋拌红白丝
△菜谱见180页

{ *memo* } 年菜里的红白鱼糕①和烩年糕里的梅花鱼肉山芋饼，选用的是镰仓
老店"井上鱼糕店"的。做得很入味，有一种特别的感觉，我很
喜欢。

---

① 日本鱼糕：采用鱼糜、鸡蛋及肉为主要原料加工蒸制而成的食品，入口鲜
香嫩滑，清香可口，营养丰富，老少皆宜，乃民间宴席待客之上品。

防患于未然
无须吃药的冬季养生法

大寒了，感觉越来越冷。我最怕的就是这个季节了。

每年都要想着怎么才能让身体暖和起来，不要感冒。

我们家人的免疫力都还不错，几乎没怎么感冒过。女儿中考的时候，还是会比平时更加注意，都会彻底地漱口和洗手。

尝试过用绿茶漱口。绿茶可以防止细菌的入侵，嗓子也会变得很清爽。我对咖啡因过敏，不能喝茶，却一直很奢侈地用父亲种的茶叶漱口。

苹果葛粉茶
△菜谱见181页

大家嗓子都不太好，我还有慢性扁桃腺炎。

空气一干燥，我的嗓子就会痛。在恶化之前，我会把木梨切成小块，泡上蜂蜜。一小口一小口地抿着喝，它就会完全黏在扁桃体上，达到润喉的作用，立刻就能缓解疼痛。

葛粉是可以令身子暖和起来的阳性食物。把苹果汁加热后放入葛粉，搅拌至粘稠状再加一些生姜，就可以做成一道热腾腾的饮料。我女儿很喜欢喝，这是我家冬天常备的东西。

希望我们今年也可以不吃药就能熬过这个寒冬。

包围着 靠近着
冬季的餐桌

鸡肉泡菜锅
菜谱见181页

花菜拌生海苔
▷菜谱见182页

甜酒泡红心萝卜烟熏三文鱼
▷菜谱见184页

干菜包子
△菜谱见183页

和叽叽喳喳说话的朋友们
一起被热气包围

年前年后各种聚会多了起来。大家在外面都冻得冷飕飕的，缩成一团，那我就用热乎乎的火锅来招待他们吧。

我们家的常备款是泡菜锅。用自家做的泡菜和带骨鸡肉一起煮，香得很，连高汤都不用。再放些有点黏糊糊的下仁田大葱①、脆脆的牛蒡，加以芹菜点缀，最后再来一份乌冬面或者卧了颗鸡蛋的菜粥。叽叽喳喳边聊天边吃完的时候，身体就出汗了。火锅分量够大，在上菜的间隙需要准备点清口的小菜。亮粉色的红心萝卜用甜酒和柚子腌一下，就成了一道可以立刻享用的清爽小菜。清甜软糯的花菜，居然是我们全家的心头好。我平时通常会炸一下或者煮得烂烂的加在汤里，或者快速地蒸一下再撒点海苔，就可以变成一道下酒菜。

就这样，充分晒了太阳的蔬菜干，可以变回脆脆的样子，包在大大的

---

① 下仁田大葱：葱白短而粗，肉质柔软，纤维极少，风味独特，蛋白质含量高，是品质超群的日本地方品种。

皮里做成煎包。如果没有人工做的包子皮，可以使用镰仓"邦荣堂制面所"卖的，非常软糯。

被火锅包围的餐桌，热气也是一种调味料。
能和别人一起吃饭，已经是最好的款待了。

```
┌─────────────────────┐
│  不时不食           │
│    食谱集           │
└─────────────────────┘
```

〈使用方法〉

● 材料没有特别说明的情况下，都是"比较容易操作的分量"。

● 计量单位：1大勺=15ml；1小勺=5ml；1杯=200ml。

● EXV橄榄油是"特级初榨橄榄油"的缩写。

● 没有特别说明的情况下，火的大小都是中火。

● 食谱里面一般的准备性工作就省略不记了。

● "保存期限"只是一个大概的时间。

● 保存罐在使用前请先消毒处理（参照p.78）。

春

草莓柠檬香草果汁

图片-p.007

○ 保存/冷藏大约2周
● 材料和制作方法

草莓——2袋（500g）

无农药柠檬——1个

香草豆——半根

粗糖——250g（草莓重量的50%）

1.草莓去蒂，切成四等份。柠檬切薄片，香草豆竖着从中间对半切。

2.把草莓、柠檬、粗糖依次叠加至保存罐里1/3处，从上方插入香草豆，盖上盖子。

3.把2每天摇一摇，或者用勺子搅拌，放置10天至2周时间。待粗糖完全融化，草莓萎缩，就可以把果肉滤去，只留下汁液保存。

草莓葡萄酒醋果酱

图片-p.007

○ 保存/冷藏大约2周

● 材料和制作方法（4人份）

草莓（小颗）——2袋（500g）

粗糖——200g（草莓重量的40%）

白葡萄酒醋——2大勺

迷迭香——1枝

1. 草莓去蒂，把所有的材料放入锅里混合均匀。放置1～2小时直至粗糖完全融化。

2. 把1开大火一边加热，一边小心撇去浮沫。煮到还剩1/3，变得胶黏胶黏的即可。

款冬花茎糊糊

图片-p.009

○ 保存/冷藏大约2周

● 材料和制作方法

款冬花茎——15个

大蒜——2块

盐——1/3小勺

EXV橄榄油——1.5杯

1. 把款冬花茎用干燥的菜刀快速切成粗末，大蒜也切成粗末。

2. 用料理机或者搅拌机把除橄榄油以外的食材倒入进行搅拌。

3. 把2放进保存罐里压平，倒入橄榄油浸泡。

※如果使用过程中发现油有所减少，请及时添加。

酱油腌芥菜花
图片-p.009

○ 保存/冷藏约10天

● 材料和制作方法

A

酒——2大勺

清淡酱油、甜料酒——各2大勺

芥菜花——200g

1. 把A的材料倒进锅里煮一会儿，然后使其冷却。

2. 芥菜花切4cm长的段，用充足的80℃左右的热水快速氽一下，用笊篱捞起，压干水分。※如用太烫的水煮会丧失辣味，请注意。

3. 把2立刻装进保存罐里，待冷却后倒入1，放进冰箱冷藏一晚即可。

糖米糕

图片-p.011

● 材料和制作方法

方形年糕——6个

用来油炸的油——适量

青海苔、樱花虾——各适量

盐、酱油——各少许

1. 把年糕切成1cm左右的块，在笊篱里摆好，晒2天左右。

2. 待1的水分干了以后，加入中等温度的油，大概炸5分钟至酥软蓬松，像是开了花一样时取出并把油沥干。

3. 趁热一半撒上盐和青海苔，剩下的一半和切成小块的樱花虾一起加酱油拌匀后吃。

腌樱花

图片-p.013

○ 保存/冷藏约2年

● 材料和制作方法

八重樱花瓣——200g

盐——40g

白梅子醋（或者红梅子醋）——1/4杯

1. 樱花洗净后擦干水分

2. 把1和盐倒入容器充分搅拌均匀，用保鲜膜封好，上面压一块400g左右重的石头，放置一晚。

3. 把2取出压干水分后放回容器倒入白梅子醋，再用保鲜膜封好，压一块是之前一半重的石头再腌制2～3天。

4. 把3在笊篱上铺开，晒2～3天直至晒干，再加一些盐使其更入味，一起放进保存罐里即可。

樱花糯米小豆饭
图片_p.013

● **材料和制作方法（4人份）**

大米、糯米———各1盒

海带———5cm方形1张

腌樱花（参照上一段）———20g

〈装饰用〉

腌樱花、油菜花———各少许

1. 把大米和糯米淘干净，加水没过米的表面，泡1小时左右。

2. 把海带加300ml水，腌樱花加60ml水浸泡后取出。

3. 把1用笊篱捞出沥干水分，放进煮饭用的锅。把2连水一起倒入锅里混合均匀，盖上盖子开中强火。煮沸以后转小火。水分被煮干后关火蒸15分钟。

4. 把3用力搅拌后盛入容器，撒上用来装饰的水泡开的樱花即可。

水煮竹笋

图片-p.017

○ 保存/冷藏约3天

● 材料和制作方法

新鲜竹笋——1根

米糠——1把

红辣椒——1根

1. 把竹笋前端硬的部分用菜刀斜切掉，然后竖着把皮划开几刀。

2. 把所有东西放进大锅里，加水没过食材，开中火煮。水开后转小火。盖上一个稍重一些的锅盖。不到1kg的竹笋煮了2个小时左右，比这更长的还有3小时左右的（过程中水会减少，要注意及时加水）。用竹签插进竹笋里，如果一直到中心都可以轻松穿过就可以关火了，就那样放置一晚。

3. 把黏在竹笋上的米糠冲洗掉，剥皮切成方便实用的大小，连煮的汤一起倒进保存罐里。※要是汤泡着的状态保存。

油泡竹笋

图片-p.017

○ 保存/冷藏约1个月

● 材料和制作方法

煮笋（参照上一段）——300g

大蒜——1块

盐——半小勺

意大利芹菜、树芽——根据个人喜好添加

红辣椒（从一端一点点地切）——切成2～3段

EXV橄榄油——适量

1. 把竹笋切成2～3mm容易入口的厚度，把水分完全沥干。如果可以日晒半天更好。

2. 把1放进保存罐，加剥皮拍好的大蒜、盐和切好的意大利芹菜、树芽、红辣椒，倒入可以没过食材的橄榄油，放进冰箱冷藏一晚。

※一定要在油没过所有食材的状态下保存。

油炸当归皮芝麻菜沙拉

图片-p.022

● 材料和制作方法（2～3人份）

芝麻菜——适量

当归皮——1根份

低筋面粉——1大勺

用来炸的油——适量

A

EXV橄榄油、白葡萄酒醋——各适量

盐——少许

1. 芝麻菜用冷水泡5分钟，沥干水分，撕成容易入口的大小。

2. 当归皮切细条，裹上低筋面粉，用中温油炸2～3分钟炸至酥脆，捞出把油沥干。

3. 把1和2装进容器，加入A搅拌均匀，撒上盐即可。

夏柑嫩洋葱腌泡当归皮

图片-p.023

● 材料和制作方法（2～3人份）

当归——1根

嫩洋葱——半个

夏柑——1个

白葡萄酒醋、EXV橄榄油——各1.5大勺

盐——少许

1. 当归切成3～4cm的段，去皮切成薄片，用醋水泡5分钟左右后沥干。嫩洋葱切薄片。把夏柑的薄皮剥掉，把果肉掰成大块大块的。

2. 把所有材料放进碗里，用手拌匀即可。

蛤仔嫩土豆浓汤

图片-p.023

● 材料和制作方法（2～3人份）

嫩土豆——2个

嫩洋葱——1个

EXV橄榄油——2大勺

蛤仔（去沙）——300g

白葡萄酒——1/4杯

盐、胡椒——各少许

款冬花茎糊（参照p.140）——适量

1.把嫩土豆和嫩洋葱去皮切薄片。

2.往锅里倒入橄榄油，中火加热，加入1一起翻炒。洋葱炒软后加入蛤仔和
白葡萄酒，盖上锅盖，蒸煮5分钟左右。加水再盖上锅盖，小火煮大约10分
钟，取出蛤仔。

3.把2倒入搅拌机搅至嫩滑。再倒进锅里，加盐和胡椒调味，加热后装盘。
放一些款冬花茎糊，再浇几圈橄榄油即可。

竹笋烩玄米饭

图片-p.023

● 材料和制作方法（2～3人份）

煮好的玄米饭——2盒

油泡竹笋（参照p.144）——适量

盐、胡椒——各少许

玄米饭上面放一些油泡竹笋。根据情形加适量泡竹笋的油、盐和胡椒，搅
拌均匀。

初夏

梅酒
图片-p.030

● 材料和制作方法

  青梅——1kg

  黍糖——500g

  白兰地——1.8L

  1. 梅子用水泡2～3小时，把涩液捞出倒掉，把梅子用笊篱捞出。用竹签把梅子的蒂去掉，再用干净的布把水分擦干。

  2. 把1/3的梅子装进消毒的保存罐里，再倒入1/3的黍糖。重复两次这个步骤，倒入白兰地。盖上盖子，放置在阴凉处，3个月后即可饮用。

熟透的梅子汁
图片-p.030

○ 保存/常温约1年

● 材料和制作方法

  完全熟透的梅子——1kg

  砂糖（根据个人口味）——800g～1kg

  1. 把梅子用流水洗净后擦干水分。用竹签把蒂去掉，在梅子上戳几个洞，放进保鲜袋后冷冻起来。

2.把冷冻后的梅子和砂糖慢慢交替倒进保存罐里，盖上盖子放在阴凉处。

3.为了砂糖可以充分化开，每天都要摇晃罐子。为了避免发酵，时不时要打开盖子确认罐内情况。待砂糖全部化开后即可食用。

小梅腌紫苏
图片-p.031

○ 保存/常温约1年

● 材料和制作方法

小梅——1kg

烧酒——4大勺

盐——140g

赤紫苏——200g

盐（腌紫苏用）——40g

1.把小梅洗干净，擦干水分，用牙签之类的把蒂去掉。用烧酒把碗底涂满消毒。

2.把小梅和盐每次交替倒1/3的量到已消毒的保存罐里，再重复两次这个步骤。为了避免发霉，要把保存罐内壁擦干净，然后严实地覆盖上一层保鲜膜，再用一块梅子两倍重量的石头压在上面。如果没有石头的话可以用报纸包住罐口，再用绳子系紧，在阴凉处放置4～5天。

3.取下盖子时如果发现梅子醋可以完全盖过小梅，就可以把压在上面的石头重量减半。

※这时候已经可以当成咸菜来吃了。

4. 做腌紫苏。把赤紫苏的叶子洗净擦干水分。仔细均匀地涂一层盐，再用力挤干水分，排出涩液。

5. 把4满满地铺在3上，再次用保鲜膜覆盖，压上重石。盖好盖子后放在阴凉的地方，一个月后即可食用。

※虽说是可以长期保存，但是会越来越咸，所以大概一年内吃起来还是好吃的。

醋腌梅肉

图片-p.031

○ 保存/常温约1年

● 材料和制作方法

切好的梅肉（去除受损的部分）——500g

白葡萄酒醋（或者苹果醋）——2.5杯

粗糖——300g

把所有材料放进消毒的保存罐里，盖好盖子，放置于阴凉处。待粗糖完全化开即可食用。

※以泡在酒醋中的状态保存。

枇杷蜜饯

图片-p.033

○ 保存/冷藏约2周

● 材料和制作方法

枇杷——10个（约300g）

粗糖——60g（枇杷重量的20%）

蜂蜜——30g（枇杷重量的10%）

白葡萄酒——半杯

水——1杯

柠檬汁——1个份

1. 枇杷从中间竖着切一半，取出籽，用纱布包好。

2. 把除了柠檬汁以外的材料全部倒进锅里，开中火。烧开后转小火，捞出浮沫。像盖盖子一样，盖上一张厨房纸巾。大约煮10分钟后加入柠檬汁，然后冷却，就这样泡在汤汁里进行保存。

梅子醋薤头

图片-p.035

○ 保存/常温约1年

● 材料和制作方法

盐——1小勺

梅子醋——1.25杯

甜料酒——半杯

1. 把薤头的根和芽切掉一点，把外面薄薄的一层皮剥掉，水洗干净后擦干水分。

2. 把1放进碗里，加盐拌匀，放置1小时。把渗出的水倒掉，装进保存罐里。

3. 往2里倒入梅子醋和甜料酒，搅拌均匀，放置在阴凉处，两周后即可食用。

※以泡在汤汁中的状态保存。

藠头开胃菜

图片-p.035

○ 保存/冷藏约1个月

● 材料和制作方法

藠头——500g

盐——1小勺

〈制作泡藠头的汤〉

白葡萄酒醋、水——各1杯

粗糖——3~4大勺

盐——2/3小勺

月桂树皮——1片

红辣椒（从一端一点点切）——3~4段

黑胡椒粒——20粒

1. 把藠头的根和芽稍微切掉一些，去掉外面薄薄的皮，洗干净后擦干水分。

2. 把1切成1cm左右的小块放进碗里，加盐拌匀，放置1小时。把渗出的水分挤干，放进保存罐。

3. 把制作泡藠头的汤的材料倒进锅里稍煮片刻后关火，待余热散去。

4. 把3倒进2里，放进冰箱冷藏一晚即可。

※以泡在汤汁中的状态保存。

蓝莓果酱

图片-p.037

○ 保存/冷藏约2周

● 材料和制作方法

　蓝莓——300g

　粗糖——90g（蓝莓重量的30%）

　肉桂粉——1～2小勺

　柠檬汁——1个份

　1.往锅里加入柠檬汁以外的材料，充分混合，放置1小时左右至蓝莓出水。

　2.把1开小火加热，小心不要把蓝莓弄碎，撇掉浮沫，煮至汤汁有点黏稠为止。加入柠檬汁稍煮片刻，关火冷却即可。

美国樱桃蜜饯

图片-p.037

　美国大樱桃——400g

　粗糖——100g（樱桃重量的25%）

　红酒——1杯

　水——半杯

　柠檬汁——1个份

　1.把樱桃从中间对半切开，取出果核用纱布包好。

　2.往锅里加入柠檬汁以外的材料，充分混合，放置1小时左右至樱桃出水。

3. 开中强火加热2，撇去浮沫，煮3～4分钟直到汤汁变得有些黏稠。加柠檬汁稍煮片刻，关火冷却，泡在汤汁中保存。

赤紫苏汁
图片-p.039

○ 保存/冷藏约2～3个月
● 材料和制作方法

赤紫苏——200g

水——4杯

粗糖——¼杯

蜂蜜——¼杯

醋（或者柠檬汁）——半杯

1. 把赤紫苏叶择洗干净，用笊篱捞出，水分沥干。

2. 锅里倒水煮沸，加赤紫苏，上下涮2～3分钟。有颜色出来后用笊篱捞出，挤出叶子里的汁液。

3. 把2挤出的汁液倒回锅中，加粗糖、蜂蜜。中火煮2～3分钟，撇去浮沫，关火。

4. 往3里加醋，混合均匀至冷却。

嫩姜汤

图片-p.041

○ 保存/冷藏约1个月

● 材料和制作方法

嫩姜——300g

粗糖——150g

水——2杯

月桂条——2根

豆蔻——6个

柠檬汁——半杯

1. 生姜切薄片。

2. 把除了柠檬汁以外的其他材料全部放进锅里混合拌匀，放置30～60分钟至生姜出水。

3. 把2开小火加热，撇去浮沫，煮20分钟。加入柠檬汁再稍煮片刻。待其冷却后用笊篱过滤，用大勺把生姜里面的汁液完全压出来。

油浸沙丁鱼

图片-p.043

○ 保存/冷藏约2周

● 材料和制作方法

〈基本味款〉

海蜒——20条

盐——适量

A

大蒜（切薄片）——1块份

红辣椒（从一端一点点切）——3～4段

月桂树皮——1片

EXV橄榄油——能没过海蜒的量

〈和风味款〉

海蜒——20条

盐——适量

B

生姜（切薄片）——1块

大葱（绿色的部分）——1根份

芝麻油——能没过海蜒的量

1. 把海蜒去头，去除内脏洗净，擦干水分。涂上一层薄薄的盐，放置15分钟，渗出的水需擦干。

2. 在烤盘（可以直接明火烤的）上把20条海蜒摆好，A和B分别放两个盘子。用微火慢煮15～20分钟。

※以泡在油中的状态保存。

盛夏

薄荷汁

图片-p.053

○ 保存/冷藏约1周

● 材料和制作方法

水——1.5杯

蜂蜜——2大勺

黍糖——100g

绿薄荷——3~4根

1. 把水、蜂蜜和黍糖倒进锅里，稍煮片刻后冷却。

2. 把1和薄荷装进保存罐，放进冰箱冷藏一晚即可。

油浸小银鱼毛豆

图片-p.057

○ 保存/冷藏约1周

● 材料和制作方法

毛豆——1袋（300g）

清汤小银鱼——2~3大勺

EXV橄榄油——适量

1. 把毛豆两端用剪刀之类的剪掉，撒上盐腌1分钟左右。

2. 把1放进蒸笼，大火蒸大概5分钟。待余热散完，取出里面的豆子。

3. 把2和银鱼放进保存罐，再倒入橄榄油，没过所有食材即可。

※以泡在油中的状态保存。

扶桑桃子蜜饯
图片-p.059

○ 保存/冷藏约2周

● 材料和制作方法

白桃——3个

扶桑花茶茶叶——1.5大勺

热水——2杯

粗糖——120g（桃子重量的20%）

蜂蜜——1杯

柠檬果汁——1个份

1. 白桃带皮竖着从中间对半切，取出桃核，用纱布包好。扶桑花茶茶叶用热水泡5分钟后取出。

2. 把所有材料放进锅里，开中火，沸腾以后转小火，撇掉浮沫，煮13～15分钟。

3. 待余热散尽后把桃子皮剥掉，泡在汤里进行保存。

番茄酱

图片-p.061

○ 保存/冷藏约2周

● 材料和制作方法

番茄（全熟）——6个

蒜末、姜末——各2块份

苦椒酱（或者豆瓣酱）、米醋、酱油、芝麻油——各1大勺

1.番茄去蒂，用菜刀划十字刀口放进开水烫一下，剥皮，切成小块。

2.把所有材料放进锅里，开中火煮，撇去浮沫。汤煮到1/3时关火即可。

油浸半干小番茄

图片-p.061

○ 保存/冷藏约1个月

● 材料和制作方法

小番茄——15个

盐——少许

EXV橄榄油——适量

1.把小番茄去蒂横着从中间切成两半，烤盘上铺上锡纸，把切好的小番茄切口向上摆好，均匀地撒盐。

2.烤箱100～200℃预热，放进烤箱一个半小时，烤干，然后使其自然冷却。

3. 把2装进保存罐，倒入能没过小番茄的橄榄油，放进冰箱里冷藏一晚。
※以泡在油中的状态保存。

拌紫苏叶
图片-p.063

○ 保存/冷藏约1周

● 材料和制作方法

A

姜末——1/4块

酱油——2小勺

芝麻油——2小勺

醋——1小勺

炒白芝麻——1小勺

红辣椒（从一端一点点地切）——1～2段

紫苏叶——10片

1. 把A充分混合拌匀。

2. 把紫苏叶的茎切掉，放一片在保存罐里，取半小勺1，涂在紫苏叶上。放
一片紫苏叶，涂一次。交替重复这个步骤。最后把剩下的1都倒在上面。放
入冰箱冷藏1小时即可。

腌紫苏叶
图片-p.063

○ 保存/冷藏约1周
● 材料和制作方法
　紫苏叶——10片
　盐——少许
把紫苏叶的茎切掉，放一片在保存罐里，涂上少许盐。交替重复这个步骤，放入冰箱冷藏半天即可。

油浸毛豆银鱼冷豆腐
图片-p.070

● 材料和制作方法（2人份）
　自己喜欢的豆腐——1块
　油浸小银鱼毛豆（参照p.157）——适量
　盐（或者酱油）——少许
把油浸小银鱼毛豆铺在豆腐上。在食用前把豆腐捣碎拌匀，根据个人口味加适量的盐即可。

番茄酱扁豆炒本地章鱼

图片-p.070

● **材料和制作方法（2人份）**

　　煮好的章鱼——150g

　　扁豆——10根

　　芝麻油——1大勺

　　番茄酱（参照p.159）——2大勺

　　盐、胡椒——各少许

1. 把章鱼斜着切块，扁豆的筋去掉，切成容易入口的大小。

2. 在热锅中倒入芝麻油，扁豆大火翻炒至喜欢的软硬度，加入章鱼和番茄酱，快速翻炒，最后加盐和胡椒调味即可。

拌紫苏叶饭团

图片-p.071

● **材料和制作方法（4个份）**

　　盐——少许

　　煮好的米饭——2碗

　　拌紫苏叶（参照p.160）——4片

1. 手沾湿，沾上盐，取¼量的米饭捏成球状，做成饭团。

2. 放一片拌好的紫苏叶在上面。做4个。

米糠西瓜皮

图片-p.071

● **材料和制作方法**

西瓜白色的部分（去除红色瓜瓤的皮）——100g

盐——一小撮

米糠——适量

1. 把西瓜白色的部分切成容易入口的大小，均匀地撒上盐，放置15分钟后，擦干水分。

2. 把1裹上米糠，放置一晚即可。

冬瓜梅干汤

图片-p.071

● **材料和制作方法**

海带——10cm大小一张

水——4杯

鸡翅中——8个

冬瓜——500g

生姜（切薄片）——2片

梅干——1个

※小梅腌紫苏（参照p.161）2个亦可。

清淡酱油——1小勺

盐——少许

1.海带用水泡30分钟。鸡肉撒盐放置15分钟左右，擦干水分。冬瓜削皮，切成一口可以吃的大小并且刮圆。

2.向锅里加入1和生姜、梅干，开中火。煮沸后转小火，撇去浮沫，放入冬瓜煮熟。最后加上清淡酱油和盐调味即可。

秋

洋梨蜜饯
图片-p.083

○ 保存/冷藏约2周

● 材料和制作方法

洋梨——2个（500g）

香草豆——半根

粗糖——100g（洋梨重量的20%）

蜂蜜——50g（洋梨重量的10%）

白葡萄酒——1杯

水——1.5杯

柠檬汁——1个份

1.洋梨削皮，把皮放在纱布里包好。香草豆竖着从中间切两半，取出籽。

2.把所有材料放进锅中，像盖锅盖一样盖上厨房纸巾。中火煮熟后转小火煮15～20分钟。

3.自然冷却，放进保存罐里。要保证液体没过材料保存。

腌葡萄
图片-p.084

○ 保存/冷藏约2周

● 材料和制作方法

葡萄（大颗无籽，可以带皮吃的）——半串

〈腌泡汁〉

白葡萄酒醋、水——各3/4杯

白葡萄酒——1/4杯

盐——2/3小勺

蜂蜜——2大勺

白胡椒粒——10粒

香料（黄芥末酱、香菜、丁香、柠檬草等）——少许

1.做腌泡汁的材料倒入锅内，稍煮片刻后冷却放凉。

2.把葡萄放进保存罐，倒入1，放进冰箱冷藏一晚。

※以泡在腌泡汁中的状态保存。

无花果酱

图片-p.084

○ 保存/冷藏约2周

● 材料和制作方法

　　无花果——5个（300g）

　　粗糖——90g（无花果重量的30%）

　　红酒——2大勺

　　葡萄酒醋——1~2大勺

　　1. 无花果根据个人喜好剥皮，切成一口大小。

　　2. 把所有材料放进锅里，放置1小时左右直至无花果出水。

　　3. 把2开中火加热，煮沸后火关小些，撇去浮沫，煮到喜欢的黏稠度。如果觉得甜味不够可以额外再加粗糖，酸味不够可以再加葡萄酒醋。

栗子果泥

图片-p.087

○ 保存/冷藏约2周

● 材料和制作方法

　　栗子（去皮）——500g

　　黍糖、枫糖浆——各100g（栗子重量的20%）

　　盐——少许

　　白兰地（或者朗姆酒）——少许

1. 锅中倒入可以没过栗子的水，中火加热。沸腾后把火稍微调小一些，再煮5分钟左右。待沸腾向外四溢时往锅里加入一定量的冷水，开中火。再次沸腾后调小火，撇去浮沫继续煮。

2. 栗子煮到筷子可以轻松戳进去的软硬度时加入黍糖，一边用木铲把栗子压碎，一边用小火再煮大概10分钟。

3. 向2里加入枫糖浆、盐，继续撇去浮沫煮5分钟，煮至黏稠时关火。根据个人喜好添加白兰地搅拌均匀即可。

臭橙凝乳

图片-p.089

○ 保存/冷藏2~3天

● 材料和制作方法

A

鸡蛋——1个

蛋黄——1个

黍糖——3大勺

B

低筋面粉（用来撒）——2小勺

豆浆、臭橙汁——各¼杯

香草豆——1/5根

1. 把A放进碗里，用打蛋器充分搅拌。B的材料按顺序加入后适度搅拌。用笊篱过滤倒进锅里。

2. 香草豆从中间对半切开，把籽刮掉，和豆荚一起倒进1里，一边用木铲拌匀一边开小火。煮到黏稠后装入保存罐，为了防止干燥，在表面覆盖一层保鲜膜，使其自然冷却。

油煮秋刀鱼

图片-p.091

○ 保存/冷藏约2周

● 材料和制作方法

秋刀鱼——3条

盐——1大勺

A

白葡萄酒——半杯

白葡萄酒醋——1大勺

EXV橄榄油——适量

B

月桂树皮——1～2片

红辣椒——1根

1. 秋刀鱼切头去尾，把中间的部分切成5cm左右的段，内脏取出洗干净后擦干水分。

2. 把1摆放在烤盘上，均匀地撒满盐，放置15分钟后加A。中途反面，再腌泡1小时左右。

3. 烤盘（可以明火使用的）上刷一层橄榄油，2的水分压干后摆放。倒入可以没过秋刀鱼的橄榄油，再放上B。

4. 把3开微火加热15～20分钟煮至秋刀鱼变熟。

※以泡在油中的状态保存。

红薯干
图片-p.093

○ 保存/冷藏3周

● 材料和制作方法

红薯——1根大的

1. 红薯去皮，泡水30分钟左右撇去浮沫。

2. 把1放在蒸笼上大火蒸30分钟左右，直至变软。

3. 待2的余温散去，切成三等份，再竖着切成1cm左右粗的长条。

4. 把3摆放在笊篱上日晒3～4天至喜欢的软硬程度。

※夜晚收进室内。

培根
图片-p.097

○ 保存/冷藏4～5天

● 材料和制作方法

猪五花肉（块）——400g

盐——12g（猪肉重量的3%）

蜂蜜——1大勺

月桂树皮——2片

迷迭香——1根

黑胡椒——少许

茶叶（烘焙茶之类的）——4大勺

中双糖①——2大勺

1. 第一天：用叉子把猪肉插满洞，均匀地涂上盐。用厨房纸巾包好，放进保鲜袋，在冰箱冷藏一天。

2. 第二天：更换厨房纸巾装入保鲜袋，再放进冰箱冷藏一天。

3. 第三天：取下厨房纸巾，在肉的表面均匀地涂抹一层蜂蜜。把月桂树皮和迷迭香撕开贴在猪肉上，撒上黑胡椒。为了避免空气进入，用保鲜膜包严实，再放入冰箱冷藏三天。

4. 第六天：把3从冰箱冷藏室拿出来，放置30分钟左右，使其恢复室温。

5. 在铁锅或者是较厚的锅底铺一层锡箔纸，把茶叶、中双糖铺在上面，在上面放一个带支架的烤烧烤网，摆上取下了保鲜膜的猪肉。切成大块，用锡纸包两层，防止烟乱窜。

6. 中火煎14分钟左右关火，待其冷却即可。

赏月丸子

图片-p.099

---

① 中双糖：日本一种结晶较大、黄褐色、杂质少的高纯度糖，风味独特，常被用于料理。

● 材料和制作方法

粳米粉——200g

热水（80℃以上）——1杯

盐——少许

1. 把所有材料倒进一个大碗里，用硅胶刮刀混合拌匀，形成面糊，待达到人手可以触碰的温度，用手和面，然后搓成方便食用大小的丸子。

2. 把水烧开后，在蒸笼上垫一层布，将1完成后的丸子均匀摆放在蒸笼里，大火蒸20分钟左右。

秋刀鱼灰树花菌杏仁意面

图片-p.104

● 材料和制作方法（2人份）

油煮秋刀鱼（参照p.168）——1条

灰树花——半包

杏仁——大约20粒

大蒜——半颗

油煮秋刀鱼的油——适量

白葡萄酒——2大勺

短意大利面（卷筒型）——200g

盐、胡椒——各少许

意大利芹菜（切末）——适量

1. 秋刀鱼去鱼骨，撕成条，把灰树花撕成容易入口的大小，杏仁切碎，大蒜拍好。

2. 在平底锅里倒入煮秋刀鱼的油，放入大蒜，开小火。爆出蒜香后，放入灰树花和杏仁，中火炒。灰树花炒熟后放入秋刀鱼和白葡萄酒，煮沸一会儿。

3. 煮意大利面时，往足够分量的开水里加盐，可以比包装袋上说明的煮面时间熟得快些。

4 把步骤3的汤汁加一点点在步骤2里，然后放入沥干的意大利面快速拌匀。加盐、胡椒调味，装盘，最后撒上意大利芹菜末即可。

腌葡萄大头菜烤茄子培根

图片-p.105

● 材料和制作方法（2人份）

茄子——2根

腌葡萄（参照p.165）——10粒

培根（薄片）——2片

大头菜——2个

莳萝①——2～3根

A

腌葡萄汁、EXV橄榄油——各适量

盐——少许

1. 茄子在烤盘网上大火烤到变软。泡在水里把皮剥掉，切成容易入口的大

---

① 莳萝：又称土茴香。味道辛香甘甜，多用作食油调味，有促进消化之效用。

小。葡萄从中间切开，或者切成¼大小。培根也切成容易入口的大小。大头菜剥皮切块，莳萝切成末。

2.把步骤1倒入碗里拌匀。

荞麦仁根菜浓汤

图片-p.105

● 材料和制作方法

莲藕——1小节

生姜——半块

牛蒡——半根

南瓜——100g

胡萝卜——1/4根

大头菜——2个

洋葱——1/4个

芹菜——半根

小番茄——4个

EXV橄榄油——2大勺

水——4杯

月桂皮——1片

荞麦仁（炒）——2～3大勺

盐、胡椒——各少许

1.把一半量的莲藕和生姜磨碎。

2. 其余的蔬菜根据个人喜好去皮，切成容易入口的大小。

3. 在锅中加入橄榄油，中火加热。把步骤2里除了小番茄以外的全部倒入锅中翻炒。炒软后，加一杯水和小番茄，一小撮盐。放月桂皮，加盖焖5分钟。荞麦仁用剩下的水中火煮，边煮边去掉浮沫。

4. 待荞麦仁变软后加入步骤1的食材，沸水煮片刻，放入盐和胡椒调味。取一个提前预热好的汤盘，最后转圈滴几滴橄榄油。

※蔬菜可以随着季节变换和个人喜好添加。

冬

味噌

图片-p.115

○ 保存/冷藏可长期保存

● 材料和制作方法（大约4kg）

大豆——1kg

米曲——1kg

盐——450g+完成后需使用50g

酒糟（板状）——300g

烧酒（消毒用）——适量

1. 大豆倒进锅里，加3～4倍的水浸泡一晚。

2. 把步骤1用沸水小火煮，去掉浮沫，大豆煮到用手指轻轻一按就能按碎的程度即可关火。※煮的过程中水会逐渐减少，要保证水能够没过豆子，所以要时不时往里面加水。

3. 把步骤2慢慢倒入蒜白，捣成均匀的泥状，装入大盆里。

4. 往米曲里加入450g盐，再加入步骤3，混合均匀。如果太硬的话，可以稍微加一点步骤2煮豆子的水，搅拌到像耳垂般柔软。

5. 把步骤4搓成又大又圆的一个个团子，往经过消毒的容器底部摔，用力摔几下，排出里面的空气，然后紧紧地压平。

6. 把板状的酒糟紧紧地铺在最上层，再满满地撒上一层盐。用泡过烧酒的纸巾把容器内壁擦干净，表面用保鲜膜裹好，再压上2kg左右的重石。盖上报纸，再用绳子系紧，放在阴冷处保存。

7. 注意湿气的变化，梅雨前打开盖子看一下，如有长霉的地方需及时去除，再恢复原样保管。大约半年后即可食用，之后请放在冰箱冷藏室保存。

泡菜

图片-p.117

○ 保存/冷藏3周左右

● 材料和制作方法

白菜———半个（1kg）

盐———30g（白菜重量的3%）

A

蚬贝（沙子洗净）——100g

小鱼干（去头去肠）——10g

水——1.5杯

米粉或上新粉——2大勺

B

韩国产辣椒粉（细磨）——半杯

墨鱼丝，海带丝——各15g

腌海米——3大勺

蜂蜜——2大勺

苹果（磨碎）——半个

韭菜或芹菜（切5cm左右的段）——半束

胡萝卜（切丝）——¼根

大蒜、生姜（切末）——各2块

1. 白菜竖着从中间切开，日晒一天。

2. 把白菜叶一片一片掰开，均匀地抹上盐使其入味，放入容器里，用保鲜膜封好，压上白菜的两倍重的大石块，放置一晚。

3. 把A中除了米粉以外的食材倒入锅中，中小火翻炒，蚬贝开口以后煮5分钟。取出蚬贝和小鱼干，加入米粉，煮至黏稠的糊状。

4. 把B和3倒入碗中拌匀。

5. 把白菜的水分拧干，把步骤4均匀地涂满每一片菜叶。

6. 把5折起来装进保存的容器或者保鲜袋里，放到冰箱的冷藏室4～5天即可食用。

柚子皮果酱

图片-p.121

○ 保存/冷藏大约1个月

● 材料和制作方法

  柚子——4～5个（500g）

  粗糖——150g（柚子重量的30%）

1. 柚子竖切4等份，挤出果汁。籽用纱布包起来，剩下的果肉剁碎。把皮上的絮清理后切小块，泡水30分钟。

2. 把皮倒入锅中，加多一点水中火烧开。5分钟后加冷水，放置10分钟。重复2～3次可以去除苦味和涩味。

3. 把步骤2水分沥干，加一半粗糖，把果汁、果肉和籽一起放进锅里，加入刚好可以没过它们的水，开中小火。去除浮沫，煮10分钟，把剩下的粗糖倒进去，再煮10分钟左右达到黏稠状即可。

金橘蜜饯

图片-p.121

○ 保存/冷藏大约2周

● 材料和制作方法

  金橘——300g

  A

  粗糖——80g

白葡萄酒、水——各80ml

柠檬汁——半颗柠檬的分量

1. 去掉金橘的蒂，横着从中间切开，取出籽。加足量的热水煮3分钟，泡水半小时。

2. 把A倒入锅中稍煮片刻，把水倒掉加入1，去掉浮沫，小火煮20分钟，关火冷却。用煮过的汤汁泡着然后保存。

苹果蔓越莓干烤点心

图片-p.125

○ 保存/常温大约10天

● 材料和制作方法（14cm×8cm×5.5cm，一长条份）

（用卡尔瓦多斯酒浸泡）

红玉苹果——1个

蔓越莓——50g

肉桂枝——1根

卡尔瓦多斯酒（或者白兰地）——适量

A

黍糖——60g

菜籽油——3大勺

豆浆——半杯

B

低筋面粉——90g

全麦面粉——50g

杏仁粉——30g

发酵粉——2小勺

月桂粉——1小勺

盐——少许

C

泡了卡尔瓦多斯酒后沥干水分的果肉——3大勺

碎坚果仁（炒熟的核桃仁之类的）——30g

1. 制作卡尔瓦多斯酒泡苹果。把苹果去芯，切成四等份。切掉2cm左右的角，用盐水浸泡10分钟。沥干水分后拿出去日晒，或者用烤箱100℃左右把外皮烤干，内部留存水分。放入干净的容器里，加蔓越莓、月桂枝，倒入卡尔瓦多斯酒，没过食材，浸泡2～3天。

2. 把A放入碗里，用打蛋器搅拌，再一点点加入豆浆，继续搅拌均匀。

3. 把B混合后摇一摇，加入2，用橡胶刮刀快速混合。在还有一些散落的面粉时加入C，继续搅拌。

4. 在烤盘铺好锡纸，放入3，烤箱预热后170℃烤30～40分钟。把泡过苹果的卡尔瓦多斯酒趁热均匀地涂在刚烤出来的蛋糕上，用保鲜膜包好即可。

自家烩年糕

图片-p.130

● 材料和制作方法（2人份）

A

高汤（鲣鱼和海带）——2.5杯

酒——1大勺

甜料酒、清淡酱油——各2小勺

鸡腿肉（切成一口大小）——4块

萝卜、胡萝卜（切成方条）——各4条

鱼肉山芋饼（或者鱼糕）——2片

鸭儿芹①——2根

烤年糕——根据喜好添加

小油菜（煮）、柚子皮——各适量

1. 把A倒进锅里开中火。煮开以后关小火，直到食材全部煮熟。加入绑了鸭儿芹的鱼肉山芋饼，稍煮一会儿。

2. 把高汤倒进热的容器中，待其稍微化开，和烤年糕以及刚才煮好的食材一起装盘，最后点缀煮好的小油菜和柚子皮。

柚子杯醋拌红白丝

图片-p.131

● 材料和制作方法（2人份）

柚子——2个

萝卜、胡萝卜——各5cm

盐——1小勺

黍糖——1大勺

---

① 鸭儿芹：日本重要的栽培蔬菜之一。柔嫩的茎叶有特殊的风味，主要用作汤料或做成沙拉生食。

醋、炒黄芝麻——各少量

1. 把柚子从上面切掉大约2cm，再把里面的果肉取出榨汁。

2. 把萝卜和胡萝卜去皮切丝，涂上一层盐腌制约10分钟后沥干水分放在碗里。

3. 把柚子汁和黍糖混合，再加入2搅拌均匀。酸味如果不够的话可以加点醋。在柚子皮里装盘，撒上炒黄芝麻即可。

苹果葛粉茶
图片-p.133

● 材料和制作方法（2人份）

苹果汁——1杯

葛粉——2小勺

生姜末、迷迭香——各少许

把苹果汁和葛粉放入锅内，用打蛋器搅均匀搅拌，把葛粉化开，开小火加热。待变成黏稠状时加入生姜，装盘后撒上迷迭香。

鸡肉泡菜锅
图片-p.134

● 材料和制作方法（2人份）

鸡腿肉（切大块）——300g

盐——少许

土豆——3个

香菇——2个

长葱——1根

水芹——半束

泡菜（参照p. 175）——150g

芝麻油、味噌、酒——各2大勺

水——3杯

1. 鸡肉涂抹一层薄薄的盐。土豆削皮，切成四等份。牛蒡去皮，削成薄片，用水涮一下，然后沥干。其他的蔬菜和泡菜切成容易入口的大小。

2. 锅里的芝麻油热了后，放入鸡肉、泡菜，以及所有除芹菜以外的蔬菜进行翻炒。

3. 等所有的食材都过油以后，配合加入酒、味噌和水来煮。加入土豆煮熟后关火，最后撒上芹菜。

花菜拌生海苔

图片-p135

● 材料和制作方法（2人分）

花菜——150g

盐——少许

A

生海苔——1.5大勺

芝麻油——1大勺

清淡酱油——半小勺

盐——少许

1. 花菜去掉根部，分成一小簇一小簇的。开水加盐煮到适当的软度。

2. 沥干1的水分，趁热加A调味。

干菜包子

图片-p.135

● 材料和制作方法（6个份）

切片萝卜干（参照p.119）——20g

干萝卜叶（参照p.119）——5g

干香菇——2个

A

樱花虾——5g

炒白芝麻——半小勺

酱油——1小勺

耗油——2小勺

饺子皮（大）——6张

芝麻油——适量

热水——¼杯

黑醋（或者醋酱油）、姜丝——各适量

1. 把切片萝卜干和干萝卜叶用水泡5分钟，干香菇泡1小时。把香菇水分挤干切末。

2. 把1和A放进碗里充分拌匀，分为六等份放在饺子皮上，包成圆形。

3. 往平底锅上倒入芝麻油加热，把2的包口朝下摆好后油煎。

4. 往3里加入开水盖上盖子，汽蒸油煎。待水分蒸干得差不多了，掀开盖子，煎至两面金黄。装盘后根据个人口味加黑醋和生姜。

甜酒泡红心萝卜烟熏三文鱼
图片-p.135

● **材料和制作方法（2人份）**

红心萝卜——150g

盐——2小搓

烟熏三文鱼——50g

甜酒——3大勺

柚子——1个

1. 萝卜去皮切成半月形薄片。均匀涂抹一层盐，腌制10分钟后把水分完全挤干。柚子榨汁，把适量的柚子皮切丝。

2. 把所有材料放进碗里，充分拌匀即可。

专栏

迷迭香燕麦曲奇
图片-p.074

● **材料和制作方法（大约15片份）**

A

燕麦——50g

低筋面粉，全麦粉——各25g

黍糖——25g

发酵粉——1/4小勺

杏仁片——10g

迷迭香末——1小条分量

盐——少许

B

菜籽油——2大勺

蜂蜜——1大勺

豆浆——1.5大勺

1. 把A放进一个大碗里，用手混合搅拌均匀。

2. 把B放进小锅开小火，蜂蜜融化后放入豆浆和1，用硅胶刮刀拌匀。面团做好后，搓成一个个10g大小的面团，从上方用力按压成5mm左右的厚度。

3. 把2摆放在烤盘上，烤箱170℃余热后放进烤箱烤15～20分钟。

※为了避免冷却后受潮，请和干燥剂一起放进保鲜袋或者保存罐里保存。

蜂蜜柑橘饮

图片-p.074

● 材料和制作方法

柑橘（无农药夏柑、湘南金橘、柠檬等）共计——600g

蜂蜜——300g

苏打水、水——适量

柑橘切薄片，放入保存罐。把蜂蜜一圈一圈浇在柑橘上盖好盖子，常温放置。一天搅拌一次或者摇匀一次。蜂蜜都融化开被吸收就可以兑上苏打水或者水来喝了。

水果蜜豆

图片-p.074

● **材料和制作方法（2～3人份）**

煮好的红豌豆、麝香葡萄、加州梅——各适量

熟透的梅子汁（参照p.148）——适量

制作琼脂——300ml左右

石花菜——10g

水——4杯

醋——1小勺

粗糖——1.5大勺

1. 制作琼脂。石花菜①充分搓洗干净去除杂质。把除了粗糖外的其他材料倒进锅里开中火，烧开以后转小火煮30分钟，注意及时捞出浮沫。石花菜过滤一下加入粗糖混合，用过滤网把粗糖过滤掉后放进冰箱冷藏待凝固。

2. 把琼脂切成1.5cm大小的块，水果切成易入口的大小。装盘后放上煮好的红豌豆，再浇上梅子汁（如果太浓可以加水调淡一些）即可。

---

① 石花菜：红藻的一种。通体透明，犹如胶冻，口感爽利脆嫩，既可拌凉菜，又能制成凉粉。是提炼琼脂的主要原料。

路易波士茶

图片-p.075

● **材料和制作方法（2人份）**

A

路易波士茶叶——2大勺（可泡2杯多一点）

肉桂枝——1根

小豆蔻——4粒

姜片——2片

黍糖——少许

水——1杯

牛奶——1杯

1. 把A倒进锅里开中火。烧开以后转小火，煮大概5分钟。

2. 往1里加入牛奶，快要沸腾时关火，用茶滤网过滤倒出即可。

洋梨萨伐仑松饼

图片-p.075

● **材料和制作方法（2人份）**

奶油面包——2个

洋梨蜜饯汁——半杯

A

马斯卡彭奶酪——2大勺

枫糖浆——2小勺

洋梨蜜饯（参照p.164）——半个

1. 把奶油面包从上方1/3处切开，挖空下面的中央部分，倒入蜜饯汁泡1～2分钟。

2. 把A混合均匀塞进面包下半部分，上面盖几片薄薄的洋梨蜜饯，最后在上面面包的顶部放一块点缀。

干果甘纳许
图片-p.075

● 材料和制作方法（6个份）

干果（加州梅干，无花果干，椰枣等）——共100g

坚果碎、盐——各少许

可可粉——适量

1. 把干果放到蒜臼里捣成泥，加坚果碎和盐均匀混合。

2. 把1分六等份做成球形，均匀撒上可可粉即可。

柚子茶
图片-p.075

● 材料和制作方法（2人份）

柚子皮果酱（参照p.166）——4大勺

热水——2杯

把柚子皮果酱放进容器里，加热水搅拌均匀。

※可根据个人喜好加入姜末，味道也很好喝。

草莓小萝卜扇贝Carpaccio

图片-p.076

● 材料和制作方法（2～3人份）

草莓——10颗

小萝卜——3～4个

扇贝（生食）——5个

A

白葡萄酒醋、EXV橄榄油——各1大勺

盐、红胡椒——各适量

莳萝——2～3根

1. 草莓去蒂，小萝卜去茎叶后切成薄片。扇贝厚度切一半，加少许盐腌制10分钟左右，把水分轻轻压出。

2. 在盘中依次放入扇贝、小萝卜和草莓，把A倒进去拌匀，放盐和研磨的红胡椒，最后撕一些莳萝撒上即可。

香菜腌梨子黄瓜

图片-p.076

● 材料和制作方法（2～3人份）

梨子——1/4个

黄瓜——1根

嫩姜——半块

香菜——3根

酸橘果汁——1个份

白葡萄酒醋——1小勺

EXV橄榄油——1小勺

鱼露、胡椒——各少许

1. 梨子和黄瓜去皮，梨子竖着从中间切开，然后切片。黄瓜切成不规则的形状。嫩姜切丝，香菜大致切段。

2. 把所有材料放在碗里，用手拌匀即可。

白芝麻葡萄春菊

图片-p.077

● 材料和制作方法（2~3人份）

木棉豆腐——半块

炒白芝麻——2小勺

清淡酱油——1大勺

盐——少许

巨峰葡萄——6颗

梨——1/8个

春菊①（较软的部分）——3~4根

EXV橄榄油——适量

1.豆腐放在笊篱里用手按碎，压干水分，倒进蒜臼里碾到光滑细嫩为止。

加芝麻粉、酱油调味，搅拌均匀。

2.葡萄和梨去皮，葡萄从中间对半切开。梨子和春菊切成容易入口的大小。

3.把1装盘，在上面摆上2，最后再浇上橄榄油即可。

柿子干苹果前菜

图片-p.077

● 材料和制作方法（2~3人份）

柿子干（较软的））——3个

意大利腊肠——6片

比然奶酪（切薄片）——6片

苹果——1/8个

白菜——1片

A

苹果醋、初级特榨橄榄油——各1大勺

盐——2小搓

炒核桃仁——适量

黑胡椒、EXV橄榄油——各少许

---

① 春菊：茼蒿，菊科植物，台湾地区也叫作菊菜。春天会开花，所以一般叫春菊。

1. 把柿子干横着从中间切开，去籽放进冰过的盘子里，放入意大利腊肠和比然奶酪。

2. 苹果和白菜切成非常小的块，和A一起放进1里。撒点核桃仁和黑胡椒，最后一圈一圈浇上EXV橄榄油。

关于食谱

时令的食材味道并不是恒定的，这一点很难处理，但也很有意思。大致参考一下食谱，适当增减材料，达到味道的平衡，做出属于你自己的风味，享受到来的季节吧。

图书在版编目（CIP）数据

不时不食：四季美味寻鲜记／（日）中川玉著；邹欣晨译．—— 北京：文化发展出版社有限公司，2018.1

ISBN 978-7-5142-2042-1

Ⅰ．①不… Ⅱ．①中… ②邹… Ⅲ．①饮食－文化－日本 Ⅳ．① TS971.2

中国版本图书馆 CIP 数据核字 (2017) 第 314460 号

KOYOMI NO TESHIGOTO　　by Tama Nakagawa
Copyright © Tama Nakagawa 2016
All rights reserved.
Original Japanese edition published by NIHONBUNGEISHA Co., Ltd.

This Simpli ied Chinese edition published by arrangement with
NIHONBUNGEISHA Co., Ltd., Tokyo in care of Tuttle-Mori Agency, Inc., Tokyo

著作权合同登记 图字：01-2017-8498

不时不食 ： 四季美味寻鲜记

著　　者：[日]中川玉
译　　者：邹欣晨
出 版 人：武　赫
责任编辑：周好好
责任印制：邓辉明
装帧设计：尚燕平

出版发行：文化发展出版社（北京市翠微路 2 号　邮编：100036）
网　　址：www.wenhuafazhan.com
经　　销：各地新华书店
印　　刷：山东德州新华印务有限责任公司
开　　本：880mm×1230mm　1/32
字　　数：80 千字
印　　张：6.5
印　　次：2018 年 1 月第 1 版　　2021 年 2 月第 3 次印刷
定　　价：58.00 元
Ｉ Ｓ Ｂ Ｎ ：978-7-5142-2042-1

◆ 如发现任何质量问题请与我社发行部联系。发行部电话：010-88275710